高等职业教育课程改革系列教材

模拟电子电路分析与制作

主　　　编	石　琼	宁金叶			
副　主　编	裴琴芳	练红海	容　慧		
参　　　编	王　芳	罗胜华	刘宗瑶	袁　泉	
	邓　鹏	叶云洋	陈文明		
主　　　审	陈意军				

机械工业出版社

本书是根据行业企业的岗位需求，以培养学生的职业能力与技术技能为目标，结合多年职业教育教学经验与成果编写而成的。全书以典型产品——具有混音功能的简单低频功率放大器为载体，分成了基本信号与无源元器件认识、直流稳压电源的制作、音频前置放大电路的制作、简易混音与放大电路的制作、功率放大电路的制作等项目，并增加了一个简易测试用信号发生器的制作项目，主要介绍了基本信号与无源元器件、二极管及其应用电路、线性直流稳压电压源、晶体管及其基本放大电路、功率放大电路、集成运放放大与信号处理电路、信号发生电路等电路知识，并通过技能训练介绍了仪器仪表的使用、元器件的检测、电路的制作与调试等方法，通过典型产品的安装与调试，介绍了实物装配、产品调试等方法，并且把"湖南省技能抽考"中模拟电子技术相关内容融入到了各任务中。本书以项目为载体，工作任务为导向，由任务入手，引入理论知识，将理论知识与技能融为一体。通过典型产品的设计、分析、制作、调试，可以有效掌握相关理论知识和技术技能。

六个项目均设置了项目分析、学习目标、多个任务、项目实施与评价、项目小结、项目测试等内容，方便教师实施教学和初学者自学。

本书可以作为高职高专院校自动化类专业及相关专业"模拟电子技术"课程的教材，也可以作为从事电子技术的工程技术人员的参考用书。

图书在版编目（CIP）数据

模拟电子电路分析与制作/石琼，宁金叶主编 .—北京：机械工业出版社，2018.9（2025.6重印）

高等职业教育课程改革系列教材

ISBN 978-7-111-61118-9

Ⅰ.①模… Ⅱ.①石… ②宁… Ⅲ.①模拟电路-高等职业教育-教材 Ⅳ.①TN710

中国版本图书馆 CIP 数据核字（2018）第 231912 号

机械工业出版社（北京市百万庄大街 22 号　邮政编码 100037）
策划编辑：王宗锋　责任编辑：王宗锋　李　慧
责任校对：张　薇　封面设计：陈　沛
责任印制：刘　媛
北京富资园科技发展有限公司印刷
2025 年 6 月第 1 版第 8 次印刷
184mm×260mm · 11.25 印张 · 270 千字
标准书号：ISBN 978-7-111-61118-9
定价：34.80 元

电话服务　　　　　　　　网络服务
客服电话：010-88361066　　机　工　官　网：www.cmpbook.com
　　　　　010-88379833　　机　工　官　博：weibo.com/cmp1952
　　　　　010-68326294　　金　书　网：www.golden-book.com
封底无防伪标均为盗版　机工教育服务网：www.cmpedu.com

教材编写委员会

前　　言

本书是为适应高职高专教育发展，满足模拟电子技术理实一体化教学的需要，在总结多年模拟电子技术与技能抽考教学经验的基础上编写的项目化教材。全书包括绪论、六个项目和附录。绪论介绍了电子系统的定义以及电子技术的发展历程和发展方向，重点阐述了模拟电子系统，并介绍了典型产品。项目一为基本信号与无源元器件认识，介绍了四种基本信号及其参数特点、常见无源元器件等。项目二以典型产品中的直流稳压电源的制作作为项目，介绍了半导体的基本知识、二极管的基本知识与应用、线性直流稳压电压源的相关知识与应用等。项目三以典型产品中的音频前置放大电路的制作作为项目，介绍了晶体管的基本知识、晶体管基本放大电路的相关知识与应用、多级放大电路的分析方法等。项目四以典型产品中的简易混音与放大电路的制作作为项目，介绍了集成运放的认识与特点、集成运放的放大与混音电路、反馈的定义与分类、集成运放的信号处理应用等。项目五以典型产品中的功率放大电路的制作作为项目，介绍了功率放大电路的分类、基本功率放大电路及其分析方法、集成功率放大器与应用等，还介绍了典型产品的系统联调。项目六以简易测试用信号发生器的制作作为项目，介绍了正弦波振荡器、方波发生器、三角波发生器的分析与应用等。附录中列出了任务与项目实施报告书，二极管、晶体管、集成电路的常见型号和主要参数、电子器件实物与引脚图，便于读者查阅。

本书是经多年几千学生的试用基础上进行的教学经验总结，内容符合国务院《关于大力推进职业教育改革与发展的决定》，技能培训特色鲜明；本书涵盖"湖南省技能抽考"题库中的电子线路装调中模拟电子相关部分内容，可以为电类专业"技能抽考"的电子综合能力测试提供了良好的理论和实践支撑。本书提供电子课件、微视频与教学资源。

本书可以作为高职高专院校电子信息技术、自动化技术、通信技术、应用电子技术、机电一体化技术等电类专业的教材，也可以作为湖南省技能抽考的指导教材，不同专业可以根据自身的特点和需要加以取舍。

本书由石琼、宁金叶主编，裴琴、练红海、容慧副主编，陈意军主审，还有王芳、罗胜华、刘宗瑶、袁泉、邓鹏、叶云洋、陈文明等老师参与了部分内容的编写。

由于编者水平有限，书中难免有不足之处，敬请使用本书的读者批评指正。

编　者

目　录

绪　　论

一、电子技术发展历程

电子技术是 19 世纪末、20 世纪初开始发展起来的新兴技术，20 世纪发展迅速，应用广泛，已成为近代科学技术发展的一个重要标志。电子技术的发展有鼎盛时期也有消沉时期，从 20 世纪 50 年代开始到现在，电子技术一直在向高频、高速、低能耗、多元化发展，未来的发展也是很可观的，电子技术一直在突破瓶颈和极限，向着更高层面发展。

现代电子技术的发展方向，是从以低频技术处理问题为主的传统电子学，向以高频技术处理问题为主的现代电子学方向转变。从 1950 年起，电子技术经历了晶体管时代，集成电路时代，超大规模集成电路时代，直至现代的微电子技术、纳米技术、EDA 技术及嵌入式技术等。

1. 发展初期（电子管、晶体管时代）

起源于 20 世纪初，20 世纪 30 年代达到了鼎盛时期。第一代电子技术的核心是电子管。1904 年，弗莱明制成了第一只电子二极管用于检测电波，标志着电子时代的到来。不久，美国的德福雷斯特（Lee de Forest）在灯丝和极板之间加入了栅极，从而发明了晶体管，并于 1906 年申请了专利。比起二极管，晶体管有更高的敏感度，而且集检波、放大和振荡三种功能于一体。1925 年，苏格兰的贝尔德公开展示了他制造的电视，成功地传送了人的面部活动，分辨率为 30 线，重复频率为每秒 5 帧。

然而，电子管体积大、笨重、能耗大、寿命短的缺点，使得人们迫切需要一种新的电子元件来替代电子管。飞速发展的半导体物理为新时代的到来铺平了道路。20 世纪 20 年代，理论物理学家们建立了量子物理，1928 年普朗克应用量子力学，提出了能带理论的基本思想，1931 年英国物理学家威尔逊在能带理论的基础上，提出半导体的物理模型，1939 年肖特基、莫特和达维多夫，建立了扩散理论。这些理论上的突破，为半导体的问世提供了理论基础。

1947 年 12 月 23 日，贝尔实验室的巴丁和布拉顿制成了世界上第一只晶体管——点接触晶体管，这是世界上第一只晶体管，它标志着电子技术从电子管时代到晶体管时代迈出了第一步。此后不久，贝尔实验室的肖克利又于 1948 年 11 月提出一种更好的结型晶体管的设想。到了 1954 年，实用的晶体管开发成功，并由贝尔实验室率先应用在电子开关系统中。与以前的电子管相比，晶体管体积小、能耗低、寿命长、更可靠，因此，随着半导体技术的进步，晶体管在众多领域逐步取代了电子管。更重要的是，体积微小的晶体管使集成电路的出现有了可能。

2. 集成电路时代

1952 年，英国雷达研究所的一个著名科学家达默提出能否将晶体管等元器件不通过连接线而直接集成在一起从而构成一个有特定功能的电路。之后，美国得克萨斯仪器公司的基比尔按其思路，于 1958 年制成了第一个集成电路的模型，1959 年德州仪器公司宣布发明集成电路，从此，电子技术进入集成电路时代。同年，美国著名的仙童电子公司也宣布研究成功集成电路，该公司赫尔尼等人发明的一整套制造微型晶体管的"平面工艺"被移用到集成电路的制作中，集成电路很快就由实验室试验阶段转入工业生产阶段。1959 年，德州仪器公司建成世界上第一条集成电路生产线。1962 年，世界上第一块集成电路正式问世。与分立元器件电路相比，集成电路体积重量都大大减小，同时，功耗小，更可靠，更适合大批量生产。集成电路发明后，发展非常迅速，其制作工艺不断进步，规模不断扩大。

3. 超大规模集成电路时代

1958 年，贝尔实验室制造出金属-氧化物-半导体场效应晶体管（MOSFET），尽管它比双极型晶体管晚了近十年，但由于其制造工艺简单，为集成化提供了有利条件。随着硅平面工艺技术的发展，MOS 集成电路遵循 Moore 定律，即一个芯片上所集成的器件，以每隔 18 个月提高一倍的速度向前飞速发展。至今集成电路的集成度已提高了 500 万倍，特征尺寸缩小为 $\frac{1}{200}$，单个器件成本下降为 100 万分之一。

4. 近现代电子技术

1）微电子技术。微电子学是研究在固体（主要是半导体）材料上构成的微小型化电路、子系统及系统的电子学分支，是一门主要研究电子或离子在固体材料中的运动及应用，并利用它实现信号处理功能的科学。

微电子技术在近半个世纪以来得到迅猛发展，是现代电子工业的心脏和高科技的原动力。微电子技术与机械、光学等领域结合而诞生的微机电系统（MEMS）技术、与生物工程技术结合的 DNA 生物芯片成为新的研究热点。目前，微电子技术已经成为衡量一个国家科学技术和综合国力的重要标志。微电子技术的发展方向是高集成、高速度、低功耗和智能化。

2）纳米电子技术。纳米电子学主要在纳米尺度空间内研究电子、原子和分子运动规律和特性，研究纳米尺度空间内的纳米膜、纳米线、纳米点和纳米点阵构成的基于量子特性的纳米电子器件的电子学功能、特性以及加工组装技术。其性能涉及放大、振荡、脉冲技术、运算处理和读写等基本问题。其原理主要基于电子的波动性、电子的量子隧道效应、电子能级的不连续性、量子尺寸效应和统计涨落特性等。

从微电子技术到纳米电子器件将是电子器件发展的第二次变革，与从真空管到晶体管的第一次变革相比，它含有更深刻的理论意义和丰富的科技内容。在这次变革中，传统理论将不再适用，需要发展新的理论，并探索出相应的材料和技术。

3）EDA 技术。电子设计技术的核心就是 EDA 技术。EDA 是指以计算机为工作平台，融合应用电子技术、计算机技术、智能化技术最新成果而研制成的电子 CAD 通用软件包，主要能辅助进行设计工作，即 IC 设计、电子电路设计、PCB 设计和 PLD 设计。其中 IC 设计软件供应商主要有 Cadence，Mentor Graphics、Synopsys 等公司。电子电路设计与仿真软件主要包括 SPICE/PSPICE、Multisim、和 System View 等；PCB 设计软件种类很多，如 Protel、OrCAD、Viewlogic、PCB Studio 等；而 PLD 设计软件主要包括 Altera、Xilinx、Atmel 等。EDA 技术应用广泛、工具多样、软件功能强大，开发的产品向超高速、高密度、低功耗、低电压和复杂的片上系统器件方向发展。

4）嵌入式技术。嵌入式系统的核心部件是各种类型的嵌入式处理器：一类是采用通用计算机的 CPU 处理器；另一类是采用微控制器（MCU）。微控制器具有单片化、体积小、功耗低、可靠性高、芯片上的外设资源丰富等特点，成为嵌入式系统的主流器件。嵌入式处理器已经从单一的微处理器嵌入发展到 DSP 和目前主要采用的 32 位嵌入式 CPU，未来发展方向为片上系统。

二、电子技术的未来发展方向

显然电子技术正在向着高频化、低能耗化、数字化、微电子化、复杂化及智能化发展，未来电子技术的发展还是有所观望的。未来电子技术的发展方向大概是：

1. 提高制造工艺

尽管无情的自然规律使得摩尔定律迟早会死亡，但是至少目前全世界的芯片厂商都在努力使其生存下去，各厂商仍投入巨资开发新技术。Intel 公司仍然推出使用 $0.09\mu m$ 工艺的微处理器。现在，芯片制造业纷纷采用更先进的技术来加强自身竞争力。这些技术主要有：铜互连技术取代铝互联技术；进一步缩小集成电路内部线宽；采用新的芯片制造技术。

1）采用铜互连技术。铝在半导体工业中一直被用来作为芯片中的互连金属，但随着集成电路特征尺寸的缩小以及工作频率的提高，芯片中铝互连线的电阻已开始阻碍芯片性能的提高，因此，人们开始在芯片制造中用铜代替铝来作为互连金属。铜的阻抗系数只有铝的一半，用铜互连可以减小供电分布中的电压下降，或在电阻不变的情况下减小同一层内互连线之间的耦合电容，可降低耦合噪声和信号延迟，从而可以达到更高的性能。而且，铜在金属迁移方面也更稳定，因而可容纳更高密度的电流，从而在减小线宽的同时提高了可靠性。现在已有众多厂商在其芯片生产中采用了铜互连技术。但该技术也并非完美，目前，还在研究铜与低介电常数绝缘材料共同使用时的可靠性等问题。

2）采用新的光刻技术。集成电路生产中广泛使用了光刻技术，它是芯片制造业中最关键的工艺，光刻技术的不断创新，使得半导体技术一再突破人们所预期的极限。目前的芯片制造中广泛使用的是光学光刻技术，为减小集成电路的线宽，光刻机光源的波长非常短，目前多使用深紫外光（DUV），但此技术难以实现 $0.07\mu m$ 以下工艺，因此各厂商正大力研发下一代非光学曝光系统，目前比较看好的有超紫外线光刻系统（EUV）、X 光刻系统等。

2. 采用新的材料

1）寻找新的 K 介质材料。随着集成电路制作工艺的进步，集成电路互连金属间的介质材料对性能的影响越来越大，以往集成电路工艺中广泛使用的介电常数为 4 的氧化硅和氮化硅溅射介质层，已不能适应新一代铜多层互连技术。因此，各大厂商都在寻找新的低 K 介质材料，尤其是在铜互连技术中使用的绝缘介质。Intel 公司在其新推出的 Prescott 处理器中就使用了一种新型掺碳氧化物绝缘材料。但目前，在这一领域仍有大量研究工作要做。在寻求合适的低 K 介质材料的同时，科学家们同样在寻找新的高 K 介质材料。在元器件尺寸小于 $0.1\mu m$ 时，栅极绝缘介质层的厚度将减小到 3nm 以下，如果此时仍用二氧化硅作为栅极绝缘材料，栅极与沟道间的直接隧穿将非常严重，因此，科学家们正努力寻找合适的高 K 介质材料来取代二氧化硅。

2）采用新型纳米材料。近年来，随着纳米技术的发展，人们发现一些材料达到纳米量级时会出现一些新的性质。因此，人们开始寻找合适的纳米材料来代替硅制造晶体管，实现从半导体物理器件向纳米物理器件的转变，进一步缩小集成电路的体积。这在硅芯片的工艺快要达到物理极限的今天尤为必要。

3）采用超导材料。超导材料是当下又一热门学科。如果集成电路中能够用到超导材料，那么与现在的半导体集成电路相比，它的功耗会更低，速度也会更快（有数据表明，其功耗将比同等规模集成电路低两个量级，而速度却要快上三个量级）。

3. 微电子技术的新方向

随着集成电路技术的发展，人们开始从多个方面来发展半导体技术，目前及将来，人们会通过许多途径发展微电子技术来满足社会生产的需要，而不仅仅局限于提高现有的工艺。这些途经有：SOC 技术、MEMS 技术等。

SOC（System—on—Chip）这一概念是 20 世纪 90 年代提出的，它从整个系统的角度出发，把处理机制、模拟算法、软件、芯片结构、各层次电路直至器件的设计都紧密结合起来，用一块芯片实现以往由多块芯片组成的一个电子系统的功能。由于 SOC 技术能综合并全盘考虑整个系统的各个情况，因此与传统的多芯片的电路系统相比，在性能相当时能降低电路的复杂性，从而使得电路成本下降，可靠性提高。所以，SOC 是电子技术发展的新途径。

MEMS 则是微电子技术与其他学科结合的典型。MEMS 即微电子机械系统，它将传感器、执行器和相应的处理电路集成在一起。MEMS 将电子系统与外界环境联系起来，系统不仅能感应到外界的信号，同时能处理这些信号并由此做出相应的操作。MEMS 是微电子技术的拓宽和延伸，它将微电子技术与精密加工技术结合起来，实现了微电子与机械融为一体。MEMS 技术及其产品开辟了一个全新的领域和产业，它们不仅能降低机电系统的成本，而且能完成许多大尺寸机电系统所无法完成的任务。

三、模拟电子系统

根据处理的信号类型不同，电子系统通常可以分为模拟电子系统、数字电子系统、模-数混合系统。其中，模拟电子技术是对电路信号进行仿真、模拟处理的电路技术，其处理和研究的对象是连续变化的交流信号。模拟电子技术主要内容包含有：常用半导体器件、基本放大电路、多级放大电路、集成运算放大电路、放大电路的频率响应、放大电路中的反馈、信号的运算和处理、波形的发生和信号的转换、功率放大电路、直流电源、模拟电子电路读图这些内容。数字电子技术是对电路高、低电平信号进行计数、计算、定时、逻辑计算和分析、时序组合与分析等数字处理的电路技术，其处理和研究的对象是离散变化的直流信号。

最早的电子系统主要以模拟系统为主，随着电子技术的飞速发展，目前的电子系统主要是模-数混合型系统。模拟电子技术在其中主要完成信号的采集、放大处理和传输等，在系统中处于前端和后端，因此，模拟电子技术是电子系统不可缺少的重要组成部分。模拟电子电路的特点主要有：

1）工作在模拟领域中单元电路的种类多。例如，各种传感器电路、电源电路、放大电路、音响电路、视频电路，性能各异的振荡、调制、解调等。

2）要求电路实现规定的功能，更要达到规定的指标。模拟电路一般要求工作在线性状态，因此电路的工作点选择、工作点的稳定、运行范围的线性程度、单元之间的耦合等都很重要。

3）系统的输入单元与信号源之间的匹配、系统的输出单元与负载（执行机构）之间匹配。模拟系统的输入单元要考虑输入阻抗匹配，提高信噪比，抑制各种干扰和噪声。输出单元与负载匹配，且输出最大功率和提高效率等。

4）调试电路的难度大。一般来说模拟系统的调试难度要大于数字系统的调试难度，特别是对于高频系统或高精度的微弱信号系统难度更大。这类系统中的元器件布置、连线、接地、供电、去耦等对性能指标影响很大。要想完成模拟系统的设计，除了设计正确外，设计人员具备细致的工作作风和丰富的实际工作经验显得非常重要。

5）人工设计在模拟系统设计中仍起着重要的作用。当前电子系统设计工作的自动化发展很快，但主要在数字领域，而模拟系统的自动化设计进展比较缓慢。

四、几种常见电子系统

电子系统分为模拟型和数字型或两者兼而有之的混合型电子系统。电子系统通常是指由若干相互连接、相互作用的基本电路组成的具有特定功能的电路整体。由于大规模集成电路和模拟-数字混合集成电路的大量出现，在单个芯片上可能集成许多种不同种类的电路，可以自成一体。比如，PLC 模块通常包括了继电控制输出、模拟量-数字量转化（A－D）、数字量-模拟量转化（D－A）、逻辑运算电路、可编程电路等，自身内部构成了一个单片电子系统。对于设计者来说，只需要通过使用手册关注它的输入、输出特性，而内部结构可以看成黑盒子来处理。

在许多情况下，电子系统通常必须和其他物理系统相结合，才能构成完整的使用系统。例如，常见的 KTV 音响系统，通过传声器中的语音传感器（俗称"咪头"）把声音转换成模拟量的电信号，传声器中的单片机把语音进行 A－D 转换，把语音变成数字信号，并进行编码压缩，调制电路把数字语音信号进行调制，通过无线模块发送；音响控制器接收无线信号，并进行解调、放大，转换成数字语音信号，音响控制器内的单片机在把数字语音信号还原成模拟语音信号，并通过功率放大驱动扬声器发出声音。

1. 风电机组电子系统

为了读者更好地了解电子系统，现在以图 0-1 所示的兆瓦直驱风电机组为典型实例，简要地说明电子系统在现代工业设备中的作用和地位。图 0-1 中提到的变桨控制系统、发电机检测系统、电池系统、偏航控制系统、风冷控制系统、主控系统、变流系统等都是电子系统。它就是由若干电子系统和机械、动力、电磁等多种物理系统构成。各系统之间通过通信系统相互连接在一起，并最终进入监控中心计算机系统，用户通过计算机键盘和显示器实现人机对话，完成对风电机组发电过程的监控。图中各个非电物理系统或作为检测与传感（比如风向、风速、温度等传感器），或作为控制驱动机构（比如变桨电动机），或作为机械结构（比如叶片、轮毂铸件）等。电子系统则在整个控制系统中完成复杂的信号采集、处理、控制驱动等任务。

为了使读者进一步了解电子系统的一般组成结构，图 0-2 以兆瓦直驱风电机组控制系统中的偏航控制子系统（部分功能）为例，画出了它的电子系统组成框图。图中点画线框内是偏航控制系统中可编程逻辑控制器（Programmable Logic Controller，PLC）的相关部分，它是一种可以由用户根据需求配备相应组合部件和控制程序的典型电子系统。

图 0-1　兆瓦直驱风电机组控制系统示意图
1—叶片
2—变桨系统：变桨控制系统、变桨电动机、电池系统
3—发电系统：发电机、发电机检测系统
4—偏航系统：偏航控制系统、偏航系统、液压系统
5—气象站：风向、风速、温度等传感器
6—风冷系统：风冷控制系统、风冷电动机
7—主控系统：HIM 等
8—变流系统：整流、逆变、水冷、检测等系统

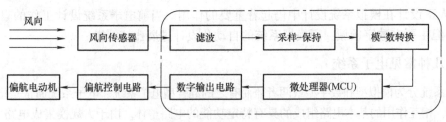

图 0-2　风电机组偏航控制子系统框图

风电机组偏航控制子系统的功能是 PLC 根据自然界中的风向数据,调整风机(包括机舱、发电动机、轮毂)的角度,实现对风,保证叶轮尽可能获取更多的风能。显然,自然界中的风向时刻变化的,图 0-2 中的风向传感器就是把这一时刻变化的信号变成具有一定幅度的电压或者电流信号。该信号经 PLC 中内置的滤波电路滤波,送入采样-保持电路,经过模-数转换把信号转换成与风向变化相对应的数字编码信号(数字量)。然后,微处理器(Microcontroller U-nit,MCU)根据控制策略进行计算,得到相应的控制输出数字量,经数字输出电路送入外部的偏航控制电路,控制偏航电动机(执行机构)执行相应动作,完成偏航。

2. 典型产品——低频功率放大器电子系统

本书以模拟电子系统作为主要的教学内容,因此选择了具有简单混音功能的低频功率放大器这一典型产品作为载体,可融合模拟电子线路相关的二极管、晶体管、场效应晶体管、运算放大电路设计、电源设计、功率放大电路设计等应用能力的知识点,图 0-3 是该模拟电子产品的系统结构图。

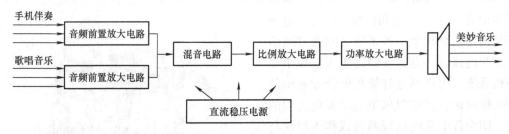

图 0-3　简单混音功能的低频功率放大器系统结构图

通过简单混音功能的低频功率放大器这一典型产品的制作与调试,可以实现以下应用知识目标:

1)线性直流电压源电路,涵盖了二极管、电压源芯片等典型相关应用知识,同时通过相关扩展模块,覆盖开关型电压源和串联型稳压电压源等知识。

2)前置放大电路完成阻抗匹配和小信号的放大,主要涵盖晶体管相关典型应用知识,同时通过相关扩展模块,覆盖共发射极放大电路、共集电极放大电路、共基极放大电路、场效应晶体管和晶体管比较等知识。

3)混音电路完成语音信号的叠加,比例放大电路完成混音信号的再次放大,且放大倍数可调,主要涵盖反馈、集成运算放大器的相关典型应用知识。

4)功率放大电路完成混音信号的功率放大(电流放大),主要涵盖功率放大电路的相关典型应用知识,同时通过扩展模块,覆盖场效应晶体管、集成功率放大器(TD2030A)等在功率放大电路中的应用。

项目一　基本信号与无源元器件认识

项目描述

本项目通过对基本信号学习，要求学会直流、正弦、矩形、三角波等基本信号的波形、特征等，能使用仪器产生符合要求的信号并检测；通过基本无源元器件的学习，掌握电阻器、电容器、电感器等基本无源元器件，为后续电路的识读、简单设计、安装、调试等打下基础。

学习目标

【知识目标】

（1）能正确识别和画出直流、正弦、矩形、三角波等常见信号的波形。

（2）能区分模拟信号和数字信号。

（3）能正确说出基本无源元器件的特性。

【技能目标】

（1）能使用直流稳压电源产生符合要求的直流电压。

（2）使用函数信号发生器产生符合要求的信号。

（3）能使用示波器测量常见信号。

（4）能正确识别无源元器件，并能使用万用表进行检测。

任务一　基本信号的认识与测量

【任务导入】

自然界中的信号通常是复杂多变的，而电子系统处理的信号往往就是这些复杂多变信号。另外，一个电子系统设计和制作出来后，需要进行大量测试才能投入市场，在测试期间直接使用复杂多变的自然界信号显然是不合适的。考虑到这些复杂信号可以由几种基本信号合成，在实际中往往使用基本信号替代复杂信号对电路进行测试，因此掌握基本信号的特点、产生、检测是非常重要的。

【任务分析】

本任务的目标是通过对信号的学习，能清楚了解模拟信号和数字信号的区别，能够正确认识和画出几种常见基本信号，并能使用仪器产生和测量几种基本的信号。

【知识链接】

一般地说，信号是信息的载体。例如，气象信号可以传达风向、风速、温度、湿度等信息，声音信号可以传达语音、音乐、噪声等信息。信号一般可以分成模拟信号和数字信号。

模拟信号（Analog signal）主要是与离散的数字信号相对的连续信号。模拟信号分布于自然界的各个角落，如每天温度的变化。而数字信号是人为抽象出来的在时间上的不连续信号。电学上的模拟信号主要是指振幅和相位都连续的电信号，此信号可以由电路进行各种运算，如放大、相加、相乘等。数字信号（Digital signal）是离散时间信号（Discrete‐time signal）的数字化表示，通常可由模拟信号（Analog signal）获得。

自然界中的信号通常是模拟信号，图1-1所示是示波器采集到的一段语音信号，它是以电信号波形表达语音信息的。这一声音信号是通过声音传感器转换成电信号，然后送入到电子系统中做进一步的处理。其他物理量也同样需要使用适当的传感器转换成电信号，再输入到电子系统中进行处理。由图1-1可知，声音信号等自然界中的自然信号都是很复杂的信号，不便于初学者进行处理和研究。为便于对模拟电子系统进行学习与研究，下面将选择直流信号、正弦波信号、矩形信号、三角波信号等4种最基本的模拟信号进行阐述。

图1-1　语音信号波形图

1. 直流信号

直流信号是指信号的方向和大小都不发生变化的信号，其波形图如图1-2所示。该信号的主要参数如下：

1）幅度值：U。

2）频率：$f = 0$。

2. 正弦波信号

正弦波信号是一种较简单的模拟信号，因此通常作为标准信号用来对模拟电子电路进行测试。其典型波形图如图1-3所示。该信号的主要参数如下：

1）幅度值：也叫最大值，或者峰值，通常用 U_m 表示，也用 U_p 表示。

2）峰–峰值：最大值和最小值之差，通常用 U_{p-p} 表示，$U_{p-p} = 2U_m$。

图1-2　直流信号波形图

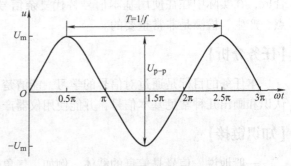

图1-3　正弦波信号波形图

3）有效值：有些场合也叫方均根值，通常用 U_{rms} 表示，$U_{rms} = \dfrac{\sqrt{2}}{2}U_m$。

4）周期：$T = 2\pi$。

3. 矩形波信号

矩形波信号是一种典型的模拟信号，它只有两种电压值，其典型波形图如图 1-4 所示。该信号的主要参数如下：

1）幅度值：最大值和最小值之差，通常用 U_s 表示。

2）低电平持续时间：τ。

3）周期：T。

4）占空比 D（DUTY）：$D = \dfrac{\tau}{T}$。

5）平均值：$\overline{U} = U_s(1 - D)$。

特殊情况，当 $\dfrac{\tau}{T} = 50\%$ 时，矩形

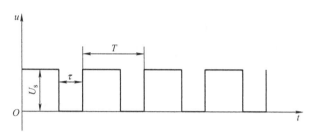

图 1-4　矩形信号波形图

信号的高电平持续时间和低电平持续时间相等，这就是我们通常所说的方波。

4. 三角波信号

三角波信号是一种典型的模拟信号，它是先呈直线上升，然后呈直线下降，如此周而复始，其典型波形图如图 1-5 所示。该信号的主要参数如下：

1）幅度值：最大值和最小值之差，通常用 U_s 表示。

2）低电平持续时间：τ。

3）周期：T。

4）占空比 D（DUTY）：$D = \dfrac{\tau}{T}$。

5）平均值：$\overline{U} = \dfrac{U_s}{2}$。

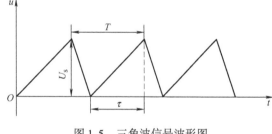

图 1-5　三角波信号波形图

锯齿波（Sawtooth Wave）也是常见的波形之一。标准锯齿波的波形先呈直线上升，随后陡落，再上升，再陡落，如此反复。它是一种非正弦波，由于它具有类似锯齿一样的波形，即具有一条直的斜线和一条垂直于横轴的直线的重复结构，所以被命名为锯齿波。因此，图 1-5 在特殊情况 $\dfrac{\tau}{T} = 100\%$ 时，三角波信号就变成了锯齿波信号。

【任务实施】　基本信号的测量

1. 实训目的

1）了解实训室基本仪器的用途。

2）认识直流稳压源、函数信号发生器、数字示波器、数字交流毫伏表等。

3）掌握直流稳压源、函数信号发生器、数字示波器、数字交流毫伏表的使用。

4）增强专业意识，培养良好的职业道德和职业习惯。

2. 实训设备与器

1）直流稳压源、函数信号发生器、数字万用表、数字示波器、数字交流毫伏表各1台。

2）同轴电缆若干。

3. 实训内容与步骤

（1）直流电压信号的产生与测量　使用直流稳压电源分别实现 +12V、±12V、+24V 电压输出，并使用数字万用表测量实际输出电压，将测得的数据填入表 1-1 中。其中 +24V 要求采用 CH1 和 CH2 串联输出的形式实现。

表 1-1　直流稳压电源输出电压

理论值	+12V	±12V		+24V
		+12V	−12V	
直流稳压电源示数				
万用表实测值				

（2）正弦信号的产生与测量　使用函数信号发生器产生一个频率 $f = 1\text{kHz}$、峰-峰值 U_{p-p} 如表 1-2 所示，直流偏置电压 $U_{DC} = 0\text{V}$ 的正弦信号，分别使用数字示波器和交流毫伏表测量该信号，将测量结果填入表 1-2 中。

表 1-2　$f = 1\text{kHz}$ 的正弦信号的产生和测量

信号 U_{p-p}	5V	500mV	50mV	5mV
函数信号发生器示数				
示波器测量峰-峰值				
示波器测量有效值				
交流毫伏表测量有效值				

使用函数信号发生器产生一个峰-峰值 $U_{p-p} = 1\text{V}$、直流偏置电压 $U_{DC} = 0\text{V}$、频率如表 1-3 所示的正弦信号，使用数字示波器测量该信号的频率和周期，将测量结果填入表 1-3 中。

表 1-3　$U_{p-p} = 1\text{V}$ 的正弦信号的产生和测量

信号 频率	10Hz	100Hz	1kHz	10kHz
示波器测量频率				
示波器测量周期				

（3）矩形信号的产生与测量　使用函数信号发生器产生一个幅度值 $U_{S_1} = 1\text{V}$、频率 $f = 1\text{kHz}$、占空比 $D = 25\%$ 和 50%、直流偏置电压 $U_{DC} = 0\text{V}$ 的矩形信号，请使用数字示波器测量该信号，并将测量结果填入表 1-4 中。

表1-4　矩形信号的产生和测量

理论值		函数信号发生器示数	示波器测量值	
幅度	1V			
频率	1kHz			
周期	1ms	—		
占空比	25%		高电平时间	占空比
占空比	50%		高电平时间	占空比

（4）三角波信号的产生与测量　使用函数信号发生器产生一个幅度值 $U_{S_1}=1\mathrm{V}$、频率 $f=1\mathrm{kHz}$、直流偏置电压 $U_{DC}=0\mathrm{V}$ 的三角波，使用数字示波器测量该信号。按照要求完成测量，将测量结果填入表1-5中。

表1-5　三角波信号的产生和测量

理论值		函数信号发生器示数	示波器实际测量值
幅度	1V		
频率	1kHz		
周期	1ms		

4. 注意事项

使用交流毫伏表在测量36V以上的电压信号时，更需要小心谨慎，一定要先按下"衰减"按键，打开衰减器（即选择衰减 ×100 档），再将被测信号连接到仪器的输入通道，目的是避免烧坏仪器和保护人身安全。

5. 实训报告与实训思考

1）记录测量数据。

2）交流毫伏表是否可以测量直流信号？示波器是否可以测量直流信号？

3）直流电压源的输出电压在空载和有负载时是否一致？如果不一致，请分析其原因。

任务二　常见无源元器件的识别与检测

【任务导入】

电子系统通常由电子元器件构成，根据工作特性不同，这些电子元器件可以分为无源和有源两种，它们在电路中完成各自的功能，共同确保电子系统的性能。其中无源元器件主要包括电阻器、电容器、电感器等。

【任务分析】

本任务中，通过对电阻器、电容器及电感器的学习，能认识它们的外形和作用，能够根据电路需要选择合适的元器件，并能使用仪器对它们的特性进行检测。

【知识链接】

根据工作特性显示是否需要电源，电子系统中使用的元器件可以分为有源元器件和无源元器件。不需要外加电源就可以显示其特性的电子元器件称为**无源元器件**，需要外加电源才可以显示其特性的电子元器件称为**有源元器件**。

无源元器件通常包括电阻类元件（主要包括电阻器、开关、熔断器、按钮、电阻排、导线、电路板等）、电容类元件、电感类元件（主要包括电感器、继电器、变压器、蜂鸣器、扬声器等）；有源元器件主要包括二极管、晶体管、场效应晶体管、集成电路等半导体器件。本任务主要介绍无源元器件中的电阻器、电容器、电感器三大类器件，有源元器件将在后续项目中介绍。

一、电阻器的识别

电流通过导体时，导体内阻阻碍电流的性质称为电阻。在电路中起阻流作用的元器件称为**电阻器**（Resistor），简称电阻。电阻器的主要用途是降压、分流，在一些特殊电路中用作负载、反馈、耦合、隔离等。

（1）**电阻器的分类与符号** 电阻器的种类比较多，根据不同特性进行的分类如下：

1）按照制造材料不同可以分为碳膜电阻、金属氧化膜电阻、绕线电阻、无感电阻及薄膜电阻等。

2）按照阻值特性不同可以分为固定电阻、可调电阻及特种电阻（光敏电阻、热敏电阻等）等。

3）按照功能不同可以分为负载电阻、采样电阻、降压电阻、分流电阻及保护电阻等。

上述电阻种类比较多，但是不管是什么种类，它都是用字母"*R*"表示，电阻的实物和电路符号如图 1-6 所示。

a) 碳膜电阻

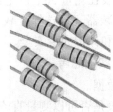
b) 金属氧化膜电阻

c) 贴片电阻

（2）**电阻器的主要参数**

1）标称值。标示在电阻器上的电阻值称为标称值，它的基本单位是欧姆，用符号"Ω"表示。需要注意的是，标称值是国家制定的标准，不是任意阻值的电阻都有的。

d) 小功率可调电阻

e) 大功率可调电阻

f) 电路符号

固定电阻

电位器

图 1-6　电阻实物图和电路符号

2）允许误差。电阻器的实际阻值对于标称值的最大允许偏差称为允许误差，常见的电阻器的误差有 1%、2%、5%、10% 等。

3）额定功率。额定功率是指在规定环境温度下，在维持长期工作而不损坏或基本不改变其性能的情况下电阻器上允许消耗的功率。电子系统中常见电阻功率规格有 1/16W、1/8W、1/4W、1/2W、1W、2W、3W 及 5W 等。

（3）**电阻器的标注方法**

常见的标注方式有直标法、文字符号、数字法及色环法等。

1）直标法。将该电阻器的标称阻值和允许偏差、型号、功率等参数直接标在电阻器表面，一般在体积较大（功率大）的电阻器上采用。例如电阻的丝印是"51kΩ ±5%1W"，表示该电阻的标称值是51kΩ、误差是±5%、功率为1W。

2）文字符号法。该方法是将有关参数印制在电阻体上，一般用于可变电阻器上。图1-6e所示电阻的标称值是4k7，功率为2W。

3）数字法。该方法一般用于贴片电阻、小体积可调电阻，常用三位数字表示，前两位是有效数字，后一位是10的几次方，单位为Ω。图1-6c所示"515"表示阻值为 $51 \times 10^5 \Omega = 5.1M\Omega$；图1-6d所示103表示阻值为 $10 \times 10^3 \Omega = 10k\Omega$。

4）色环法。用不同的颜色代表不同的标称值和误差。误差为±5%和±10%的电阻一般用四环标注，误差为±1%和±2%的电阻一般五环标注。色环的定义如下：

黑—0、棕—1（±1%）、红—2（±2%）、橙—3、黄—4、绿—5、蓝—6、紫—7、灰—8、白—9、金—±5%、银—±10%、无色—±20%。

四环的前两位为有效数字，第三位为10的几次方，最后一位为误差；五环的前三位为有效数字，第四位为10的几次方，最后一位为误差。

（4）**电阻器的选择原则**　电阻器的选择一般从以下三个方面进行考虑：

1）阻值原则。由于电阻的标称值是国家规定的，并不是厂家任意选择，所以并不是所有阻值的电阻都可以购买到，因此在选择电阻阻值时，应当在计算值附件尽量选择一致的规格，比如计算值为509Ω，可以选择510Ω规格的电阻。

2）精度原则。电子系统中对精度要求比较高的场合，比如滤波电路、运算电路、取样等场合，要选择误差小的电阻，如0.01%、0.1%，其他可以选择一般的电阻。

3）额定功率原则。每一个电阻器都只能在低于额定功率的条件下长期工作，所以选用电阻时，设计者需要根据欧姆定律估算出电阻的耗散功率，然后按照2～3倍耗散功率选取额定功率，确保电阻能正常工作。比如，某负载电阻阻值为20Ω，平均电压为5V，计算得到耗散功率为1.25W，按照2～3倍原则，电阻额定功率选择2～3W比较合适。

二、电容器的识别

电容器（Capacitor）简称电容，是由两个中间间隔以绝缘材料（介质）的电极组成、具有存储电荷能力的电子元件。在电路中，电容具有阻断直流、通过交流的能力，简称**隔直通交**。电路中的电容一般起耦合、旁路、滤波、振荡、调谐及电源等作用。

（1）**电容器的分类与符号**　电容器的种类比较多，根据不同特性进行的分类如下：

1）按照材料不同可以分为钽电容、陶瓷电容、电解质电容、纸质电容、涤纶电容等。

2）按照极性不同可以分为极性电容和无极性电容。

3）按照用途不同可以分为耦合电容、旁路电容、振荡电容、超级电容等。

上述电容种类比较多，但是不管是什么种类，它都是用字母"C"表示，常用单位有μF、pF，电容的实物和电路符号如图1-7所示。

（2）**电容器的主要参数**

1）标称值。标示在电容器上的电容值称为标称值，它的基本单位是法拉，用符号F表

13

示。需要注意的是，标称值是国家制定的标准，不是任意容值的电容都有的。常见的标称方式有直标法、数字法等。

2）额定电压。表示电容可以长时间正常工作的安全电压，加在电容器两端的电压超过该电压时，电容器将可能损坏。对于体积比较大的电解电容、涤纶电容、电动机起动电容等，额定电压一般会在电容体表面用丝印标注出来，而体

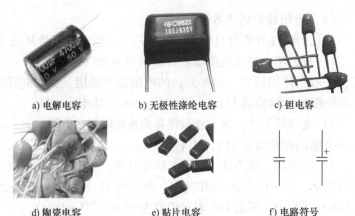

a) 电解电容　　b) 无极性涤纶电容　　c) 钽电容

d) 陶瓷电容　　e) 贴片电容　　f) 电路符号

图 1-7　电阻实物图和电路符号

积相对小的钽电容、陶瓷电容等，额定电压一般标注在外包装上。

3）绝缘电阻。用来表明电容漏电流大小的量，绝缘电阻越大，电容越好。一般小电容绝缘电阻很大，电解电容绝缘电阻相对较小。

（3）**电容器的标注方法**

1）直标法。该方法将电容容量和单位直接标注在电容表面，一般适合体积较大的电容，如图 1-7a 所示，电解电容的标注是"4700μF50V"，表示电容的容量为 4700μF，额定电压为 50V。

2）数字法。该方法一般用三位有效数字表示容量，前两位是电容值的有效数字，最后一位表示倍率，单位是 pF，如图 1-7b 所示的电容标注是"105"，表示电容的容量为 $10 \times 10^5 \mathrm{pF} = 1\mu F$。

（4）**电容器的选择原则**

1）电路不同选择不同电容类型。一般的滤波电路选择电解电容；高频和高压电路选择陶瓷电容；隔断直流（耦合）和旁路电路选择涤纶电容或电解电容。

2）电容的耐压值。电容的耐压值一般按照高于实际工作电压的 2～3 倍选择。

3）电容容值。由于电容的标称值是国家规定的，并不是厂家任意选择，所以并不是所有容值的电容都可以购买到，因此在选择电容容值时，应当在计算值附近尽量选择一致的规格，比如计算值为 0.9μF，可以选择 1μF 规格的电容。

三、电感器的识别

电感器（Inductor）是将导体绕成线圈的形状而制成的电磁感应元件，简称电感。电感器在电路中主要起到储存能量、隔断交流、通过直流的作用。

（1）电感器的分类与符号　电感同样可以按照结构、用途等不同进行分类，但是电子系统中主要用到的电感有三种：色环电感、工字型电感、磁珠，它们的实物和电路符号如图 1-8 所示。电感在电路中一般用"L"表示。

（2）电感器的主要参数

1）标称值。电感也有标称值，其大小主要取决于线圈的直径、匝数及有无铁心等，它的基本单位是 H，常用单位是 μH 和 mH。

  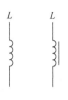

a) 色环电感   b) 工字型电感   c) 磁珠   d) 电路符号

图 1-8　电感的实物和电路符号

2）直流电阻。电感在直流电流下表现出的阻值，一般越小表示电感越好。

3）感抗。电感在交流电流下表现的阻抗，它反映了电感抗拒交流的能力，交流信号频率越高，感抗越大。

4）品质因数 Q。它是衡量电感器的主要参数，指电感器在某一频率的交流电压下工作，所呈现的感抗与其等效损耗电阻之比。Q 值越高，损耗越小，效率越高。

【任务实施】　无源元器件的检测

1. 实训目的

1）学会从外形识别电阻、电容、电感等无源元件。

2）掌握识别无源元件的各类标称值的能力。

3）能使用万用表检测无源元件的质量与实际值。

4）增强专业意识，培养良好的职业道德和职业习惯。

2. 实训设备与器

1）数字万用表 1 块。

2）变阻器、五环色环电阻和四环色环电阻各 1 个。

3）电解电容、陶瓷无极性电容各 1 个。

4）导线、开关和熔丝各 1 个。

3. 实训内容与步骤

（1）电阻类元件的识别与检测

1）仔细观察手头的各类元器件，挑选出所有电阻及电阻类元件，并初步判断其好坏。

2）从找到的电阻及电阻类元件中，挑选出变阻器、四环色环电阻、五环色环电阻、熔丝及导线各 1 个，读出它们的标称电阻值，填入表 1-6 中。

3）使用数字万用表测量电阻类器件的阻值及质量好坏。

表 1-6　电阻类元件测量

项目 \ 类型	变阻器	四环色环电阻	五环色环电阻	熔丝	导线
颜色顺序	—			—	—
标称值				—	—
万用表测量值					
质量判断（好坏）					

测量方法：连接好数字万用表的表笔线，并调节至电阻档，根据标称值选择合适的量程，将表笔分别接在电阻的两端（变阻器中间引脚不连接），将读取的电阻值记录到表1-6中，并判断电阻（类）元件的好坏。

（2）电容的识别与检测

1）仔细观察手头的各类元器件，挑选出所有电容器，并初步观察其好坏。

2）从找到的电容器中，挑选出极性电解电容、瓷片电容及无极性聚合物各一个，读出它们的标称电容值与耐压值，填入表1-7中。

3）使用数字万用表判断电容的好坏。

使用数字万用表检测电容器的好坏，一般测量1μF以下电容器时，选择"电阻2M"及以上档位；测量1~100μF的电容器时，选择"电阻200k"档位；测量大于100μF的电容器时，选择"电阻20k"档位。但是为了可以更清晰观测到电容器的充电过程，建议使用量程更高的档位。下面以220μF电容器为例，详细介绍操作过程和结论。

① 将电容器的两个引脚进行短路放电，以免因内部存储的电荷对实验人员造成电击，同时可以确保测量结果更为精确。

② 将数字万用表选择"电阻20k"档位，两只表笔分别与被测量电容器的两个引脚相连接。

③ 如果示数从0开始，逐步增加，直至显示溢出符号"1."，则电容器性能良好；如果测量结果显示0，或者一个较小值，且保持不动，说明电容器极板之间发生了短路故障，电容器将不可再使用；如果测量时，显示结果直接显示溢出符号"1."，选择最高档位继续测量，测量结果均直接显示溢出符号"1."，则说明电容器的内部发生了开路故障，电容器将不可再使用。

表 1-7 电容器测量

项目 \ 类型	极性电解电容	瓷片电容	无极性聚合物电容
标称电容值			
耐压值		—	
质量好坏			

4. 注意事项

1）测量时，手不要碰到器件的引脚，以免人体电阻的介入影响测量的准确性。

2）在实训过程中，常用手直接接触器件，请轻拿轻放。

5. 实训报告与实训思考

1）如实记录测量数据。

2）结合观察到的变阻器改变电阻的过程，并画出变阻器连接到电路中的电路图。

3）实际读得的各种器件的测量值和标称值为什么存在差别？

项目实施与评价

考核与评价

检查项目		考核要求	分值	学生互评	教师评价
项目知识与准备	电子系统拓扑图	会简单画出常见电子系统的结构框图	10		
	几种基本信号与无源元件的识别	能画出基本信号的波形图；能正确识别无源元件	20		
	基本信号与无源元件的检测	能使用基本仪器仪表检测基本信号和无源元件	10		
项目操作技能	准备工作	10min 中内完成仪器、元器件的清理工作	10		
	元器件检测	能独立完成元器件的检测	20		
	基本信号检测	能正确使用仪器产生并测试基本信号	20		
	用电安全	严格遵守电工作业章程	5		
职业素养	实践表现	能遵守安全规程与实训室管理制度；表达能力；9S；团队协作能力	5		
项目成绩					

项 目 小 结

1. 知识能力

1）基本信号主要有直流信号、正弦信号、矩形信号及三角波信号等，它们的主要参数有幅度值、频率及周期等。

2）常见电子系统的元器件主要可以分为无源元器件和有源元器件两大类，其中无源元器件主要指电阻器、电容器及电感器。能正确识读电阻、电容及电感。

2. 实践技能

1）线性直流稳压电压源产生直流电压信号；函数信号发生器产生正弦信号、矩形信号、三角波信号等交流信号；示波器用来测量信号的波形，可以测量直流和交流信号；万用表主要用来测量正弦信号有效值以及直流信号；交流毫伏表用来测量正弦信号有效值。

2）使用万用表检测无源元器件的方法。

项 目 测 试

1-1　基本信号的波形图绘制：在学习常见信号的波形特征和参数特征的基础上，完成以下任务。

1）家用交流电的频率是_____ Hz，有效值是_____ V。请在直角坐标系（图1-9）中画出家用交流电的波形图，并标出峰-峰值及周期。

2）示波器有一个标准检测信号，它是一个方波信号，其频率是1kHz，幅度值是0.5V，周期是_____ ms，低电平持续时间是_____ ms，占空比是_____。请在直角坐标系（图1-10）中画出该方波的波形图，并标出 U_s、T 及 τ。

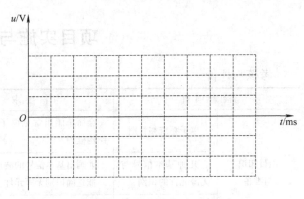

图1-9　家用交流电波形图

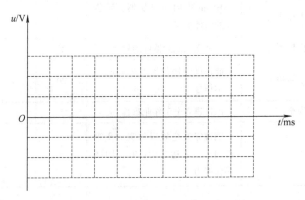

图1-10　示波器标准检测信号波形图

1-2　复杂信号的波形图绘制：

用函数信号发生器产生了一个频率为100Hz、幅值为1V的正弦波信号，且叠加了一个直流偏置电压，大小为0.5V。请在直角坐标系（图1-11）中画出该输出信号的波形图，并标出信号各参数。

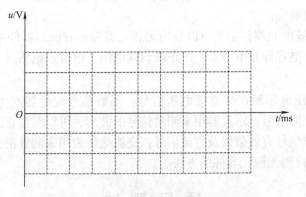

图1-11　带直流偏置的正弦波信号波形图

项目二　直流稳压电源的制作

项目描述

市电单相电压一般是220V交流电，而电子设备或系统中，通常用直流电压源进行供电。因此，常用直流稳压电源将交流电转变成直流电。线性直流稳压电源通常由变压电路、整流电路、滤波电路及稳压电路4部分组成，其框图如图2-1所示。图中变压器将220V交变电压变成幅度符合要求的电压，然后通过整流电路把交流电压变成脉动的直流电压。由于这个直流电压中含有较大的纹波，因此必须通过滤波电路滤除才能得到平滑的直流电压，但是当电网波动（一般有±10%的波动）和负载变化时，输出直流电压也会有波动，因此还要增加稳压电路使直流电压稳定。

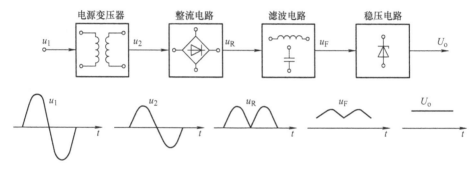

图2-1　线性直流稳压电源组成框图和波形图

本书中典型产品使用的电源是一个±12V直流稳压电压源，每路输出最大电流为1A，具体电路如图2-2所示。本项目制作和调试完成后可以从市电得到一个+12V和-12V的双电源。

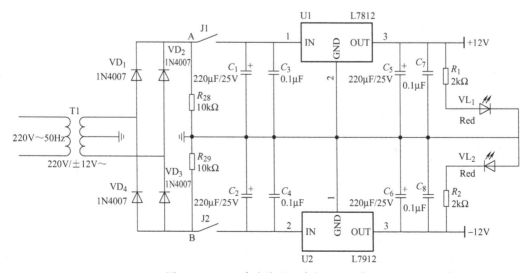

图2-2　±12V直流稳压双路电压源电路

学习目标

【知识目标】

1）能描述二极管的类型和作用。

2）能陈述线性直流稳压电源的基本构成、原理以及各部分的作用等。

【技能目标】

1）能使用万用表检测二极管。

2）能对线性直流稳压电压源进行安装。

3）能使用示波器对线性直流稳压电压源进行调试，并解决故障。

任务一　半导体二极管的识别与检测

【任务导入】

半导体是制作二极管、晶体管、场效应晶体管及集成电路等电子线路器件的基本材料，因此学习半导体的基本知识是学习后续半导体器件的基础，有助于理解半导体的工作原理。半导体器件中二极管是构成电子线路的基本器件之一，在电子电路中一般起到开关、整流、稳压、检波及限幅等作用。因此，我们必须掌握二极管的结构与原理，才能正确使用它们。

【任务分析】

本任务主要学习半导体的概念和特点，并对半导体 PN 的形成原理与特性进行重点讲述。在 PN 结的基础上，学习半导体二极管的构造、特性、符号、用途及分类等，重点学习二极管的伏安特性曲线，并要求能对常见二极管进行检测。

【知识链接】

一、半导体基本知识

根据导电能力的大小，我们通常把自然界中各种材料分成导体、绝缘体和半导体，其中，**半导体**是指导电能力介于导体和绝缘体之间的材料。目前，用来制造半导体的材料主要有硅（Si）、锗（Ge）和砷化镓（GaAs）等。半导体一般具有光敏性、热敏性及掺杂性等特性。

光敏性：是指半导体的导电能力随着光照的变化而显著变化的特性，例如硫化镉薄膜在无光照的条件下电阻为几兆～几十兆欧姆之间，有光照的条件下电阻下降为几百～几千欧姆。利用这一特点，可以将其应用于光电传感器和光控系统中，比如火警报警器、光控自动公共照明系统等。

热敏性：是指半导体的导电能力随着温度的变化而显著变化的特性，例如纯净锗（Ge）的温度每升高 10℃，其电阻率就会下降到原来的 1/2。利用这一特点，可以将其应用于温度智能控制系统中，比如中央空调温度控制系统等。

掺杂性：是指半导体的导电能力随着掺入杂质而发生显著变化的特性，例如纯硅的电阻率为 $2.14 \times 10^5 \Omega/cm$，若掺入 $1/10^6$ 的硼元素，电阻率就会减小到 $0.4\Omega \cdot cm$。因此，可以给半导体掺入微量的某种特定的杂质元素，精确控制它的导电能力，用以制作各种各样的半导体器件。

1. 本征半导体

本征半导体（intrinsic semiconductor）是一种完全纯净的、结构完整的半导体晶体。实际半导体不能绝对的纯净，所以本征半导体一般是指其导电能力主要由材料的本征激发决定的纯净半导体。更通俗地讲，完全纯净的、不含杂质的半导体称为**本征半导体**或 **I 型半导体**。常见的有硅、锗这两种元素的单晶体结构。

硅和锗都是四价元素，最外层原子轨道上有 4 个电子，称为**价电子**，它们的简化模型如图 2-3 所示。半导体具有晶体结构，它们的原子形成有序排列，分别与周围的 4 个原子之间形成**共价键**结构，这种结构如图 2-4 所示。

图 2-3　硅和锗的原子结构简化模型

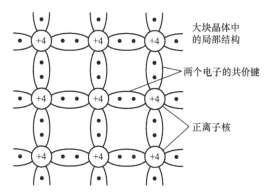

图 2-4　硅和锗共价键结构图

2. 本征激发

共价键中的价电子为这些原子所共有，并被它们所束缚，在温度 $T = 0K$ 和没有外界激发时，这些束缚电子对半导体内的传导电流没有贡献。但是，由于半导体具有光敏性、热敏性、掺杂性等，共价键中的价电子容易脱离这种束缚，特别是在室温下和自然光下，价电子就会挣脱共价键束缚，成为**自由电子**，如图 2-5 所示，这种现象称之为**本征激发**。

当电子挣脱共价键束缚成为自由电子后，原来的共价键中就会留下一个空位，这个空位就叫**空穴**。在本征半导体内，自由电子和空穴总是成对出现的，因此在任何时候，本征半导体中的自由电子和空穴的数量总是相等的。

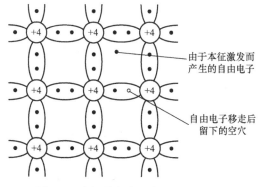

图 2-5　本征激发产生自由电子和空穴

游离的自由电子有时会回到空穴中去，这种现象称之为**复合**。在条件一定下（如温度、光照一定），本征激发和复合会达到**动态平衡**，最终半导体中的自由电子和空穴的浓度也会达到动态平衡。

3. 空穴的移动

由于半导体中的空穴出现了，在外加电场或者其他能量的作用下，附近的价电子会填补这个空位，而在这个电子原来的位置上又会留下新的空穴，以后其他的电子又会移动到这个新的位置，这样就使半导体中出现了电荷定向移动，具体图解过程如图2-6所示。图中空心圆圈表示空穴，实心圆表示电子。在外电场的作用下，如果 x1 处出现空穴，x2 处的电子就会移动到 x1 处与空穴复合，x2 处就会留下新的空穴，x3 处的电子就会移动到 x2 处与空穴复合，x3 处就会留下新的空穴。依次类推，就会形成由 x3→x2→x1 的电子的定向移动，从而产生定向移动的电荷，电流方向与电子移动方向相反，该方向又与空穴的移动方向一致，因此可以用**空穴的定向移动代替电流方向**。

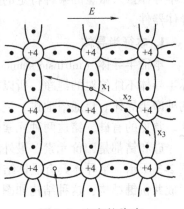

图2-6　空穴的移动

由以上分析可知，半导体中的空穴的移动产生电流的根本原因是共价键中出现空穴。因此在分析半导体时，通常把空穴看成一个带正电荷的粒子，它所带的电量与电子相同，符号与电子相反，在外电场的作用下，可以在半导体中自由移动。因此半导体中参与导电的粒子主要由电子和空穴构成，我们统称它们为**载流子**。空穴越多，半导体中的载流子浓度（数目）就越大，导电能力就越强。

4. 杂质半导体

如果在本征半导体中掺入微量的杂质，就会使半导体的导电性能发生显著变化。根据掺入的杂质不同，杂质半导体可以分为 P（空穴）型半导体和 N（电子）型半导体。

（1）P 型半导体　在纯净的硅（锗）晶体内掺入少量三价元素杂质，如硼、铝、铟等，就会形成 P 型半导体。由于三价元素只有 3 个价电子，它与周围的 4 个硅原子形成共价键的时候，会缺少 1 个电子，从而晶体中多出 1 个空穴，半导体内空穴数多于自由电子数，具体结构如图2-7所示。

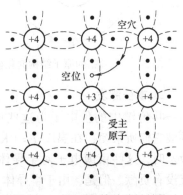

图2-7　P 型半导体共价键结构

可以通过调整掺入杂质的浓度，调整空穴与自由电子浓度差。实际生产中，P 型半导体中的空穴数是远远大于自由电子数的，因此**空穴成为多数载流子，自由电子成为少数载流子**。但是晶体内部的电子和质子总数是相等的，半导体还是呈中性。

（2）N 型半导体　在纯净的硅（锗）晶体内掺入少量五价元素杂质，如磷、砷、锑等，就会形成 N 型半导体。由于五价元素有 5 个价电子，它与周围的 4 个硅原子形成共价键时，会多 1 个电子，从而晶体中多出 1 个自由电子，半导体内自由电子数多于空穴数，具体结构如图2-8所示。

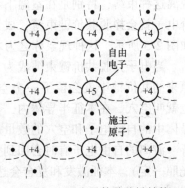

图2-8　N 型半导体共价键结构

可以通过调整掺入杂质的浓度，调整空穴与自由电子浓度差。实际生产中，N 型半导体中的自由电子数是远远大于空穴数的，因此**自由电子成为多数载流子，空穴成为少数载流子**。但是晶体内部的电子和质子总数是相等的，半导体还是呈中性。

二、PN 结的形成及特性

1. PN 结的形成

由于 P 型半导体中空穴浓度大于自由电子浓度，N 型半导体中的自由电子浓度大于空穴浓度，如果通过特殊的工艺，把 P 型半导体和 N 型半导体制作在同一个晶体中的两端，在它们的交界处就会出现空穴和自由电子浓度差，P 型半导体区域的空穴浓度远远大于 N 型半导体，N 型半导体区域的自由电子浓度远远大于 P 型半导体。由于自由电子和空穴都具有从浓度高的地方向浓度低的地方扩散的趋势，因此 P 区的空穴会向 N 区扩散，N 区的自由电子会向 P 区扩散，这种运动称之为载流子的**扩散运动**，如图 2-9 所示。

P 区的空穴向 N 区扩散的过程中，会和 N 区交界处的自由电子复合，N 区留下大量的带正电荷的正离子（图 2-10 中用⊕表示），N 区的自由电子向 P 区扩散的过程中，会和 P 区交界处的空穴复合，P 区留下大量的带负电荷的负离子（图 2-10 中用⊖表示），由于这些电荷是不能任意移动，因此不能参与导电，这样就会在 P 区和 N 区的交界处形成一个相对稳定的很薄的空间电荷区域，这就是所谓的 PN 结。PN 结内的多数载流子都被因为扩散运动复合掉了，或者说消耗尽了，因此有时也称之为**耗尽区**。

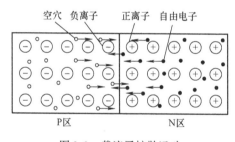

图 2-9　载流子扩散运动

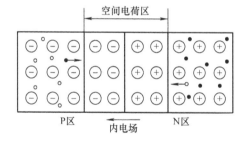

图 2-10　PN 结与漂移运动

PN 结形成后，会存在一定的位置稳定的正负电荷，它们之间会相互作用，形成一个由 N 区指向 P 区的电场，我们称之为**内电场**。由于电子具有逆着电场线、空穴具有顺着电场线运动的趋势，显然，这个运动趋势与多数载流子扩散运动的方向相反，因此内电场将阻碍扩散运动。同时，这个电场会使得 N 区的少数载流子空穴向 P 区运动，P 区的少数载流子自由电子向 N 区运动，我们称之为**漂移运动**。

综上所述，扩散运动使 PN 区增厚，空间电场力和漂移运动使 PN 区变薄，在一定条件下，它们的速度会达到动态平衡，PN 结将处于相对平衡状态。

2. PN 结的单向导电性

PN 结的特性：通过外加电压的方式改变上述的 PN 结的平衡状态，使 PN 结具备单向导电性能。

（1）外加正向电压　如图 2-11a 所示，使 PN 结的 P 区接高电位，N 区接低电位，将形成一个与 PN 结电场方向相反的外电场。在这个外电场的作用下，PN 结的平衡状态被打破，

P 区的多数载流子空穴和 N 区的多数载流子自由电子将向 PN 结移动，这将使 PN 结变薄，同时移动过来的空穴和电子又会复合，使 PN 结向变厚的方向发展，但是在外电场一定的情况下，它们会达到一个新平衡，多数载流子空穴和自由电子的定向移动将持续在一个稳定的数值，这就形成了一个较大的相对稳定的正向电流 I_F，此时 PN 结表现为**导通**状态，这就是 PN 结的**正向偏置**，简称正偏。

（2）外加反向电压　如图 2-11b 所示，使 PN 结的 P 区接低电位，N 区接高电位，将形成一个与 PN 结场方向相同的外电场。在这个外电场的作用下，P 区的多数载流子空穴和 N 区的多数载流子自由电子将进一步离开 PN 结，这将使 PN 结变厚，对扩散运动的阻碍能力加强，此时 PN 结表现为**截止**状态，这就是 PN 结的**反向偏置**，简称反偏。PN 结变厚，有利于少数载流子的漂移，这将使漂移电流加大，这就形成了反向电流 I_R，但是由于少数载流子浓度有限，所以反向电流大小也是有限的。

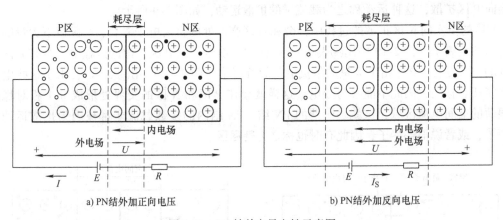

a) PN结外加正向电压　　　　　b) PN结外加反向电压

图 2-11　PN 结单向导电性示意图

综上所述，PN 结加正向电压，PN 结处于导通状态，加反向电压，PN 结处于截止状态，这就是 PN 结的**单向导电性**。

三、半导体二极管

1. 二极管的符号

半导体二极管简称二极管，是以 PN 结作为核心，以一定的工艺加上外壳和管脚制作而成，因此二极管具有单向导电性。按照材料不同，二极管一般可以分成硅（Si）二极管和锗（Ge）二极管。二极管一般应用在整流、稳压、检波、限幅、照明、信号指示等场合。它的电路符号如图 2-12 所示，图中阳极（A）与二极管内部 PN 结的 P 区相连、阴极（K）与二极管内部 PN 结的 N 区相连。

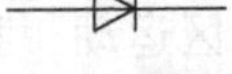

图 2-12　二极管电路符号

2. 二极管的特性

由于二极管的核心是 PN 结，因此二极管具备 PN 结的单向导电特性，在二极管的两端加正向电压，二极管将导通，加反向电压，二极管将截止，这种特性可以用流过二极管的电流和两端电压之间的关系曲线表征出来，这个曲线称为二极管的伏-安（$U-I$）曲线，实际测得的二极管的 $U-I$ 曲线如图 2-13 所示。靠近电流轴内侧的曲线为锗二极管的 $U-I$ 曲线，靠近外侧的曲线为硅二极管的 $U-I$ 曲线。

（1）**正向特性** 如图 2-13 中右上角的电路图所示，图中的二极管两端加了一个可调的正向电压，二极管表征出正向特性。在正向电压很小时，外电场不够克服 PN 结的内电场，此时流过二极管的正向电流很小，如曲线②段。逐步增加正向电压，流过二极管的正向电流急剧增加，二极管呈现小电阻状态，二极管将进入完全导通状态，如曲线①段。两段曲线中间有一个转折点，这个转折点好像一个门槛，因此该转折点电压称为**门槛电压（又称死区电压）**，用 U_{th} 表示。对于硅管的 U_{th} 约为 0.5V，对于锗管的 U_{th} 约为 0.1V。

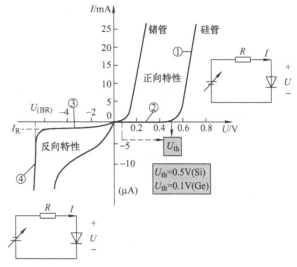

图 2-13　二极管的 $U-I$ 特性曲线

正向导通后，直接加在二极管两端的电压稍微增加，正向电流将迅速增长，此时这个电压称之为二极管的**管压降**，对于硅管约为 0.2~0.3V，对于锗管约为 0.6~0.7V。

需要注意的是，由于二极管的管压降总是存在且基本恒定在一定数值，根据功率等于电压降与流过电流的乘积可知，二极管的正向电流并不能无限增加，否则发热量会超过散热能力，而烧坏内部的 PN 结。

（2）**反向特性** 如图 2-13 中左下角的电路图所示，图中的二极管两端加了一个可调的反向电压，二极管表征出反向特性。在反向电压作用下，少数载流子会容易通过 PN 结，但是由于少数载流子数量少，所以少数载流子定向移动产生的反向电流很小，如曲线③段。一般硅管的反向电流比锗管小得多。

（3）**反向击穿特性** 当反向电压持续增加时，因为在一定温度、光照等条件下，少数载流子数量是一定的，所以在一定范围内反向电流不会有太大的变化，当反向电压增加到一定限度，PN 结的结温将上升，从而少数载流子数量将增加，反向电流也将急剧增加，如曲线④段，这叫二极管的**反向击穿**，而击穿时的这个电压称为**反向击穿电压**，用 U_{BR} 表示。

反向击穿可以分为**雪崩击穿**和**齐纳击穿**，这两种击穿都是可逆的，在断电后可以恢复到原来的状态，其中齐纳击穿多数出现在特殊二极管中，我们往往要利用这种特性，比如稳压二极管。但是如果反向电压和反向电流的乘积过高，超过二极管的耗散功率时，将造成二极管**热击穿**而损坏，热击穿是不可逆的，应尽量避免。

3. 二极管的主要参数

（1）**最大整流电流 I_F** 是指二极管长时间工作时，允许通过的最大正向平均电流，这个值由二极管内的 PN 结的散热能力决定的。电流过大时，发热量就会超过其散热极限，而烧坏二极管。

（2）**反向击穿电压 U_{BR}** 是指二极管加反向电压被击穿时的电压。在二极管的手册上标注的是最大反向工作电压 U_R，通常是击穿电压的 1/2，以确保二极管安全运行。

（3）反向电流 I_R　是指二极管反向正常工作时流过的电流，一般该值越小，二极管的单向导电性越好。温度增加时，I_R 将急剧增加，因此使用二极管时，要注意环境温度的影响。

（4）最大工作频率 f_M　是指二极管保持单向导电时，加载在两端的电压的频率最高值，高于该值，二极管的单向导电性能将不能很好体现。

通过查找数据手册，可以得到 1N4007、2AP1 的参数，见表 2-1。

表 2-1　二极管 1N4007、2AP1 的参数

二极管型号	I_F	U_R	I_R	f_M
1N4007	1A	1000V	3μA	3kHz
2AP1	16mA	20V	250μA（$T=25℃$） 500μA（$T=35℃$）	150MHz

【任务实施】　半导体二极管的识别与检测

电子元器件在装上电路板之前，需要对其进行识别与检测，确定型号、规格、性能是否符合电路的需求，通常可以使用万用表对二极管的性能进行判定。

1. 实训目的

1）学会从外形识别发光二极管、整流二极管、开关二极管及稳压二极管等。

2）能通过网络查找学习资料，判断二极管的型号和极性。

3）能使用万用表检测二极管的极性与质量好坏。

4）增强专业意识，培养良好的职业道德和职业习惯。

2. 实训设备和器件

1）数字万用表（UT51）1 块。

2）红色发光二极管、1N4007、1N4148、1N4739 各 1 个。

3. 实训内容与步骤

1）查阅资料，判定二极管的型号和参数，完成表 2-2。

表 2-2　二极管的型号和参数

	1N4007	1N4148	1N4739	Red－LED
作　用				
符　号				
I_F				
U_R				

2）二极管极性判别和性能测试。

① 判断二极管的极性。二极管的正、负两极一般会在二极管的外壳上采用丝印进行标注。对于常见的稳压二极管、开关二极管、整流二极管，一般会在负极标注一个横线或者环线；对于发光二极管，一般长脚为正极，短脚为负极，也可以通过透明窗口进行观察，宽片为负极，窄片为正极。对于标示不清楚的可以使用万用表检测。

② 使用数字万用表检测二极管的极性和性能。在数字万用表上，设置了二极管、蜂鸣器档。该档位用来检测二极管的极性与好坏，以及检测电路的通断情况。该档位实质上是一个"1mA"的恒流源，电流从红表笔流向黑表笔。当测量晶体管、电阻等元器件时，其显示的是 3 位有效数字的电压，比如显示"582"，就是 582mV。

将黑色表笔插入 COM 插孔，红表笔插入 V Ω 插孔（红表笔极性为 +），将功能开关置于"—▶— 、-•))"档，红表笔、黑表笔分别和二极管的负正极相连。如果显示"1"，表示出现测量溢出，此时红表笔连接的是负极，黑表笔连接的是正极；交换两笔后重复上述测量步骤，则会显示一个 3 位有效数字，此时红表笔连接的是正极，黑表笔连接的是负极；如果两次测量都显示溢出，表示二极管已经开路。

根据测得的正向压降的大小，还可以判断二极管的材料。如果显示的电压为 1.5 ~ 1.9V，则被测二极管是发光二极管；如果显示的电压为 0.5 ~ 0.7V，则被测二极管是硅材质的；如果显示的电压是 0.1 ~ 0.3V，则被测二极管是锗材质的；如果显示结果小于 0.1V，或者蜂鸣，则表示二极管已经被击穿。

请按照如上方法，对二极管进行检测，并完成表 2-3。

表 2-3　二极管极性与性能测试

	1N4007	1N4148	1N4739	Red – LED
正向电压/mV				
反向电压/mV				
材　料				
质量判断（好坏）				

4. 注意事项

1）测量时手不要碰到器件管脚，以免人体电阻的介入影响测量的准确性。

2）在实训过程中，常用手直接接触器件，请轻拿轻放。

5. 实训报告与实训思考

1）如实记录数据，完成实训报告书；

2）如果使用机械式万用表来检测二极管，那么应该选择什么档位，表笔应如何连接？

3）使用万用表检测不同颜色的发光二极管，读数是否有差异？为什么？

【拓展知识】　二极管的分类

1. 按照结构分类

二极管可以分为点接触型、面接触型及平面型三大类，它们的结构示意图如图 2-14 所示。

2. 按照用途分类

二极管主要包括整流二极管、稳压二极管、发光二极管及光敏二极管等。

（1）整流二极管（Rectifier diode）　是一种用于将交流电转变为直流电的半导体器件。整流二极管可用半导体锗或硅等材料制造，其中，硅整流二极管的击穿电压高，反向漏电流小，高温性能良好。通常高压大功率整流二极管都用高纯单晶硅制造（掺杂较多时容易反

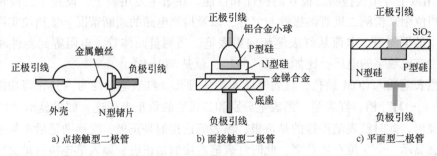

a) 点接触型二极管　　　　b) 面接触型二极管　　　　c) 平面型二极管

图 2-14　二极管结构示意图

向击穿），这种器件的结面积较大，能通过较大电流（可达上千安），但工作频率不高，一般在几十千赫以下。整流二极管主要用于各种低频整流电路。典型的整流二极管参数见表 2-4。其中 1N4007 型二极管的实物和符号如图 2-15 所示。

表 2-4　1N 系列常见普通整流二极管的主要参数

反向耐压/V ＼ 正向电流/A	1	1.5	2	3	6
50	1N4001	1N5391	RL201	1N5400	6A05
100	1N4002	1N5392	RL202	1N5401	6A1
200	1N4003	1N5393	RL203	1N5402	6A2
300	—	1N5394	—	—	—
400	1N4004	1N5395	RL204	1N5404	6A3
500	—	1N5396	—	—	—
600	1N4005	1N5397	RL205	1N5406	6A4
800	1N4006	1N5398	RL206	1N5407	6A6
1000	1N007	1N5399	RL207	1N5408	6A10

（2）稳压二极管（Zener diode）　是利用 PN 结反向击穿状态，其电流可在很大范围内变化而电压基本不变的现象，制成的起稳定电压作用的二极管，因为其工作在齐纳击穿状态，又被称为齐纳二极管。稳压二

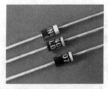

a) 直插1N4007　　　b) 贴片1N4007　　　c) 符号

图 2-15　整流二极管

极管的 U-I 特性曲线的正向特性和普通二极管差不多，反向特性是在反向电压低于反向击穿电压时，反向电阻很大，反向漏电流极小。但是，当反向电压临近反向电压的临界值时，反向电流骤然增大，称为击穿。在这一临界击穿点上，反向电阻骤然降至很小值。尽管电流在很大的范围内变化，而二极管两端的电压却基本上稳定在击穿电压附近，从而实现了二极管的稳压功能。具体 U-I 曲线和符号如图 2-16 所示。

稳压二极管主要用于稳压电路、限幅电路、电感或者线圈的续流回路、接口保护电路等

场合，其中稳压应用电路 2-17 所示。图中 U_i 为待稳定的直流电源电压，一般由整理滤波电路提供（详见项目二任务二）。U_Z 为稳压二极管，R 为限流电阻，R_L 为负载电阻，由于负载与稳压二极管是并联结构，因此该电路被称为并联稳压电路，一般用于小功率负载场合。

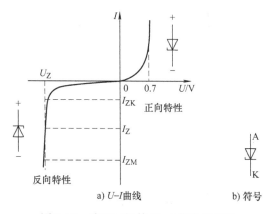

图 2-16　稳压二极管 $U-I$ 曲线和符号

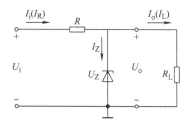

图 2-17　稳压二极管稳压应用电路

（3）发光二极管（Light-emitting diode）　是一种把电能转换为光能的二极管，简称为 LED。它由镓（Ga）与砷（As）、磷（P）、氮（N）、铟（In）等的化合物制成。在电路及仪器中作为指示灯，或者组成文字或数字显示，目前逐步成为室外照明的主流。发光二极管的实物、符号、应用电路如图 2-18 所示。

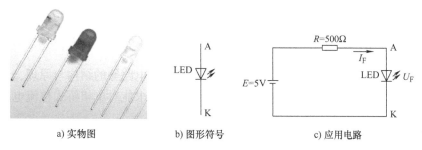

图 2-18　发光二极管的实物、符号和应用电路图

普通发光二极管的导通压降一般为 2V 左右，正常工作时电流一般在 5～20mA，因此，使用时必须串联限流电阻以控制通过发光二极管的电流。限流电阻 R 可用式（2-1）计算：

$$R = (E - U_F)/I_F \tag{2-1}$$

式中，E 是总电压（V）；U_F 是发光二极管的导通压降（V）；I_F 是发光二极管导通时的正向电流。

（4）开关二极管（Switching diode）　是一种由导通变为截止或由截止变为导通所需的时间很短的二极管，常见的有 2AK、2CK 等系列，主要用于计算机、脉冲和数字电路中。开关二极管的符号与一般二极管的符号相同。常见的开关二极管应用电路如图 2-19 所示。

判定这类电路中二极管导通的原则是：假设二极管截止，

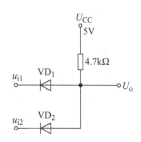

图 2-19　开关二极管应用电路

分析二极管的正、负极的电位，如果正极的电位高于负极，则导通，否则截止。假设图中的开关二极管是理想的（导通压降为0V），u_{i1} 和 u_{i2} 分别为0V或者5V时，可以得到表2-5所示的分析结果。

表2-5　开关二极管应用电路分析结果

u_{i1}	u_{i2}	二极管工作状态		U_O
		VD_1	VD_2	
0V	0V	导通	导通	0V
0V	5V	导通	截止	0V
5V	0V	截止	导通	0V
5V	5V	截止	截止	5V

任务二　二极管整流与滤波电路的制作与调试

【任务导入】

在生产生活中，很多用电设备需要从交流电得到不同电压的直流电，因此直流稳压电源存在于人们生产生活的方方面面，而直流稳压电源往往需要使用二极管进行整流、电容/电感进行滤波，因此我们对二极管整流与滤波电路进行学习，有助于直流稳压电源中有关电路的制作与调试。

【任务分析】

本任务重点学习二极管单相桥式整流电路、电容滤波电路等的结构与原理，以及相关元器件的选择，对其他整流电路和桥堆进行简单学习，并要求能对单相桥式整流电路、滤波电路进行检测。

【知识链接】

一、单相桥式整流电路

利用二极管的单向导电性，将单相交流电压变成脉动的直流电压的过程称为**单相整流**。根据电路结构不同，一般有单相半波整流电路、单相全波整流电路、单相桥式整流电路三种。本任务以桥式整流电路作为对象进行介绍，对于其他整流电路，希望读者通过学习拓展知识来掌握。

1. 电路组成

单相桥式整流电路由变压器 T、整流二极管 $VD_1 \sim VD_4$、负载 R_L 构成。它的常见电路画法有三种方式，具体如图2-20所示。该整流电路可以采用如下规则进行记忆：二极管正极正极相连为输出电源负极（简称正正得负），二极管负极负极相连为输出电源正极（简称负负得正），二极管正极负极相连为交流输入电源（简称正负得交）。

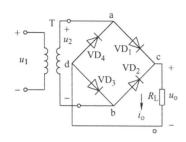 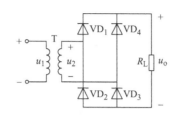 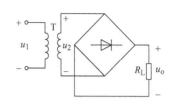

图 2-20　单相桥式整流电路

2. 电路分析

分析整流电路时为了简单起见，四个整流二极管全部作为理想二极管对待，即正向导通时电阻为零，正向饱和电压为零，反向电阻无穷大。

图 2-20 中 u_1 为电网电压，一般为 220V/50Hz 的正弦波形，u_2 为变压器二次绕组的输出，与 u_1 相比，只是幅度按照一定比例降低，其余基本参数一致，它的波形如图 2-21c 所示。便于分析，我们规定 u_2 中大于 0 的部分为正半周（即设 a 点电位高于 b 点电位为正半周），规定 u_2 中小于 0 的部分为负半周（即设 a 点电位低于 b 点电位为负半周）。

正半周时：由于 a 点电位高于 b 点电位，二极管 VD_1 和 VD_3 导通，u_2、VD_1、R_L、VD_3 构成闭合串联回路，电流按照 $a \rightarrow VD_1 \rightarrow R_L \rightarrow VD_3 \rightarrow b$ 的方向流动，如图 2-21a 所示。此时，c 点电位等于 a 点电位，即 $u_c = u_a$，d 点电位等于 b 点电位，即 $u_d = u_b$，所以 $u_o = u_c - u_d = u_a - u_b = u_2$，因此正半周时，负载上输出电压等于输入电压，负载上流过的电流等于 VD1、VD3 上流过的电流。

负半周时：由于 b 点电位高于 a 点电位，二极管 VD_2 和 VD_4 导通，u_2、VD_2、R_L、VD_4 构成闭合串联回路，电流按照 $b \rightarrow VD_2 \rightarrow R_L \rightarrow VD_4 \rightarrow a$ 的方向流动，如图 2-21b 所示。此时，c 点电位等于 b 点电位，即 $u_c = u_b$，d 点电位等于 a 点电位，即 $u_d = u_a$，所以 $u_o = u_c - u_d = u_b - u_a = -u_2$，因此负半周时，负载上输出电压大小等于输入电压，极性相反，负载上流过的电流等于 VD2、VD4 上流过的电流。

这样就可以得到图 2-21c 所示 u_o 和 i_o 的波形，它们都是单方向的**全波脉动直流波形**，这种波形由于和英文字母 M 形似，有时也称为 **M 波**。

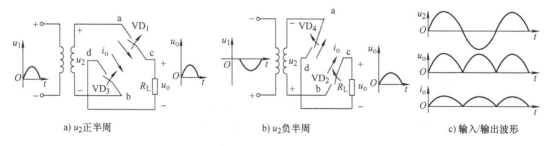

a) u_2 正半周　　　　　　　　b) u_2 负半周　　　　　　　　c) 输入/输出波形

图 2-21　单相桥式整流电路原理分析示意图

3. 整流器件参数计算与选择

（1）整流二极管平均电流　由上述分析可知，负载上得到的电压 U_L 是脉动直流电压

U_o，波动较大，一般用平均值表征其大小，可以用式（2-2）计算：

$$U_L = U_o = 0.9U_2 \tag{2-2}$$

式中，U_2 为 u_2 的有效值。

而桥式整流电路中，二极管 VD_1、VD_3 和 VD_2、VD_4 是两两轮流导通的，所以流经每一个二极管的平均电流应该为负载上电流 I_L 的一半

$$I_{VD} = \frac{1}{2}I_L = \frac{U_L}{2R_L} = \frac{0.45U_2}{R_L} \tag{2-3}$$

（2）整流二极管最大反向电压　整流二极管截止时，二极管上出现最大反向电压。因此，正半周时，VD_2、VD_4 截止，此时，VD_2、VD_4 承受的最大反向电压均为 u_2 的最大值，即

$$U_{RM} = \sqrt{2}U_2 \tag{2-4}$$

同理，负半周时，VD_1、VD_3 截止，承受同样大小的反向电压。

（3）整流二极管的选择原则　上述计算值仅仅为理论临界值，实际工程应用中，应考虑电网电压的波动、器件参数的差异以及电路负载的冲击等，一般按照理论临界值的（2～3）倍以上选择器件。因此，选择的整流二极管正向电流 $I_F \geqslant (2 \sim 3)I_{VD}$，最大反向电压 $U_R \geqslant (2 \sim 3)U_{RM}$。

二、滤波电路

整流后得到的脉动直流电压纹波较大，需要通过滤波电路去除这种波动，保留稳定不变的直流电压，常见的滤波电路有电容滤波电路和电感滤波电路。其中电容滤波电路简单，纹波较小，负载能力较差，一般用于较高电压、较小电流的小功率电源中；电感滤波电路体积较大，容易引起电磁干扰，一般用于低电压、大电流的大功率电源中。本任务重点分析小功率整流电源中应用较多的电容滤波电路，然后再简单介绍电感滤波电路。

1. 电容滤波

（1）电路组成与原理　图 2-22 为单相桥式整流、电容滤波电路。与负载并联的电容 C 在电源供给的电压升高时，能把部分能量存储起来，当电源电压降低时，把能量释放出来，使负载电压比较平滑，即电容 C 具有平波的作用。由于电容的接入，电容两端的电压 u_C 对整流二极管的通断会

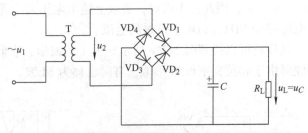

图 2-22　单相桥式整流、电容滤波电路

有影响，因为整流二极管只有受到正向电压作用才会导通，否则会截止。

1）假设上电阶段，u_2 从正半周开始，即 u_2 从 0 开始上升，$u_2 > u_C$，二极管 VD_1、VD_3 导通，VD_2、VD_4 截止，u_2 通过二极管 VD_1、VD_3 给电容 C 充电，此时，充电电阻小，充电时间短，几乎可以跟踪 u_2 的上升速度，电容器很快充电到 u_2 的最大值，此时 $u_C = \sqrt{2}U_2$。

2）u_2 从峰值下降到 0 的阶段，$u_2 < u_C$，二极管 $VD_1 \sim VD_4$ 截止，电容将通过负载 R_L 放电，放电时间一般比较缓慢，u_C 将成指数规律缓慢下降，显而易见，此阶段，u_2、u_C 同时下降，但是 u_2 下降速度快于 u_C。

3）负半周，$|u_2|$ 从 0 重新上升，$|u_2| < u_C$ 之前，二极管 $VD_1 \sim VD_4$ 截止，电容将继续通过负载 R_L 放电，u_C 将成指数规律继续缓慢下降。

4）$|u_2| > u_C$ 之后，二极管 VD_2、VD_4 导通，VD_1、VD_3 截止，u_2 通过二极管 VD_2、VD_4 给电容 C 充电，此时，充电电阻小，充电时间短，几乎可以跟踪 $|u_2|$ 的上升速度，电容器很快充电到 u_2 的最大值，此时 $u_C = \sqrt{2}\,U_2$。

如此反复不断，负载上就得到了一个比脉动直流电压纹波小很多的直流电压，波形图如图 2-23 所示。图中虚线表示 $|u_2|$ 的波形，实线表示 u_L 及 u_C 的波形。

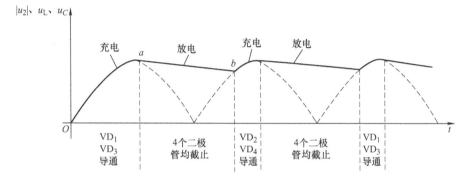

图 2-23　单相桥式整流、电容滤波电路的输出波形

（2）整流器件参数计算与选择

1）整流二极管平均电流 I_{VD}。由上述分析可知，负载上得到的直流电压与电容上的电压相等，波动很小，一般可以用下式计算：

$$U_L = (1.1 \sim 1.2)U_2$$

式中，U_2 为 u_2 的有效值。

二极管 VD_1、VD_3 和 VD_2、VD_4 是两两轮流导通的，所以流经每一个二极管的平均电流应该为负载上电流 I_L 的一半

$$I_{VD} = \frac{1}{2}I_L = \frac{U_L}{2R_L} \tag{2-5}$$

2）整流二极管最大反向电压 U_{RM}。整流二极管截止时，二极管上出现最大反向电压。因此，正半周时，VD_2、VD_4 截止，此时，VD_2、VD_4 承受的最大反向电压均为 u_2 的最大值，即

$$U_{RM} = \sqrt{2}\,U_2 \tag{2-6}$$

同理，负半周时，VD_1、VD_3 截止，承受同样大小的反向电压。

3）二极管的选择。实际工程应用中，一般按照理论临界值的 2～3 倍以上选择器件。因此，选择的整流二极管正向电流 $I_F \geq (2 \sim 3)I_{VD}$，最大反向电压 $U_R \geq (2 \sim 3)U_{RM}$。

4）电容 C 的选择。负载上的直流电压值和纹波的大小与电容 C 有关，C 越大，负载电压越稳定，纹波越小。为了保证负载电压的平滑度，C 一般按照式（2-7）进行选择。

$$\tau = R_L C \geq (3 \sim 5)\frac{T}{2} \tag{2-7}$$

式中，T 为交流电源的周期，一般电网电压周期为 20ms。

5）变压器的选择　变压器的输出电压有效值 U_2 可以通过式（2-4），根据负载上需要的直流电压 U_L 求得，电流一般按照 $(1.5 \sim 2)\,I_L$ 选择。在实际工程中，考虑到电网电压的波动等因素的影响，变压器制造商会按照变压器的二次电压值 10% 的裕度进行生产。

2. 电感滤波电路

单相桥式整流、电感滤波电路如图 2-24 所示，图中的电感 L 与负载串联，当电源供给的电流升高时（电源电压增加引起的），能把部分能量存储起来，当电源电流降低时，把能量释放出来，使负载电流比较平滑，即电感 L 具有平波的作用。在不考虑电感 L 的内阻的情况下，负载上的电压 $U_L = U_o = 0.9U_2$。

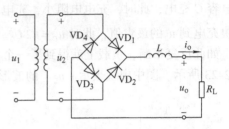

图 2-24　单相桥式整流、电感滤波电路

【任务实施】　单相桥式整流、滤波电路的制作与调试

电路设计好后，分级对电路进行制作与调试，通常可以使用万用表、示波器等对整流电路进行调试。

1. 实训目的

1）能熟练搭建桥式整流、电容滤波电路。

2）能使用示波器和万用表对电路进行检测。

3）增强专业意识，培养良好的职业道德和职业习惯。

2. 实训设备和器件

1）数字万用表 1 块，双踪数字示波器 1 台。

2）实训电路板 1 块。

3）家用交流电源。

4）导线若干。

3. 实训内容与步骤

（1）元器件的识别与检测　使用万用表对元器件进行检测，如果发现元器件有损坏，请说明情况，并更换新的元器件。

（2）电路制作　在实训板上按照图 2-25 所示的实训电路图搭建电路。其中变压器外置，使用时从电源区引入电路，并打开变压器的开关。

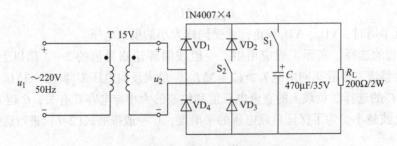

图 2-25　单相桥式整流、电容滤波实训电路

（3）电路调试

1）断开开关 S_1，使用示波器的分别检测 u_2、u_o 的电压值和波形，记录在表2-6中。

2）断开开关 S_2，使用示波器的检测 u_o 的波形和电压平均值，记录在表2-6中。

3）闭合开关 S_1、S_2，使用万用表的直流电压档检测 u_o 的平均值，使用示波器的交流耦合模式下观察输出 u_o 的纹波，记录在表2-6中。

表2-6　桥式整流电路的数据表（$U_2 = 15\text{V}$，$f = 50\text{Hz}$）

	整流输入电压 u_2/V		负载上平均电压 U_o/V		
	波形	有效值	波形	理论值	测量值
S_1断开					
S_2断开					
S_1、S_2闭合					

4. 注意事项

1）交流侧的"接地"与直流侧的"接地"是不同的，在对稳压电源进行调试与测量时要注意，以免损坏仪器。

2）在连接极性电容时，一定要注意极性不能接错，以免损坏元器件，甚至伤人。

3）禁止带电连接电路。

4）使用万用表测量电压时一定要注意选择正确的档位，特别禁止在电流档测量电压，以免损坏仪表。

5. 实训报告与实训思考

1）如实记录数据，完成实训报告书。

2）桥式整流电路中，断开开关 S_1、S_2，以及闭合开关，得到的结果为什么不一致？

【拓展知识】　其他整流电路与整流桥堆

1. 单相半波整流电路

半波整流电路是一种利用二极管的单向导电特性来进行整流的常见电路，除去半周、剩下半周的整流方法，叫半波整流，具体电路如图2-26a所示。便于分析，我们同样规定图2-26a中 u_2 中大于0的部分为正半周（即设a点电位高于b点电位为正半周），规定 u_2 中小于0的部分为负半周（即设a点电位低于b点电位为正半周），且图中的二极管 VD 是理想的。

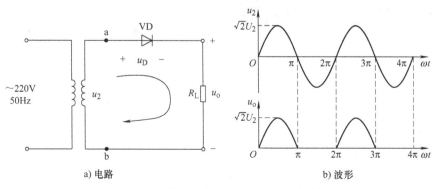

a) 电路　　　　　　　　b) 波形

图2-26　单相半波整流电路与输入输出波形

正半周时：由于 a 点电位高于 b 点电位，二极管 VD 导通，u_2、VD、R_L 构成闭合串联回路，电流按照 a→VD→R_L→b 的方向流动。此时，$u_o = u_2$。负半周时：由于 b 点电位高于 a 点电位，二极管 VD 截止，电路处于开路状态，回路没有电流，因此，$u_o = 0$，负载上没有电流流过。因此可以得到输入输出波形如图 2-26b 所示，输出波形只保留了半个周，因此被称为半波。

2. 单相全波整流电路

单相全波整流电路是利用二极管的单向导电特性来进行整流的常见电路，一个回路负责正半周、另一个回路负责负半周的整流方法，叫全波整流，因此前面介绍的单相桥式整流电路就是单相全波整流电路的一种，这里主要介绍的是一种使用双输出变压器和两个二极管构成的单相全波整流电路，具体电路如图 2-27a 所示。

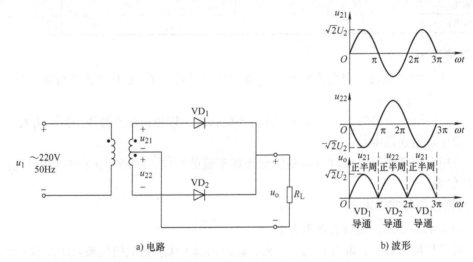

a) 电路　　　　　　　　　　　　　b) 波形

图 2-27　单相全波整流电路与输入输出波形

3. 整流桥堆

整流电路的优点是输出电压高，纹波较小，二极管承受的最大反向电压较低，效率较高。但是缺点是二极管用得较多，针对这一缺点，市场上已经有各种规格的一体化桥式整流电路，即**整流桥堆**。具体实物如图 2-28 所示。

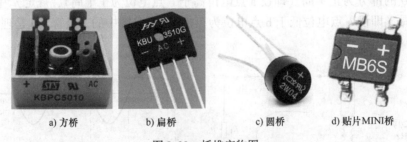

a) 方桥　　　　b) 扁桥　　　　c) 圆桥　　　　d) 贴片MINI桥

图 2-28　桥堆实物图

目前整流桥堆的封装有四种：方桥、扁桥、圆桥、贴片 MINI 桥。其中：
方桥主要封装有 BR3、BR6、BR8、GBPC、KBPC、KBPC - W、GBPC - W；
扁桥主要封装有 KBP、KBL、KBU、KBJ、GBU、GBJ、D3K；

圆桥主要封装有 WOB、WOM、RB－1；

贴片 MINI 桥主要封装有 BDS、MBS 、MBF、ABS。

桥堆的表面一般标有 "＋" "－" "～" 三种标号，其中 "～" 是两个交流输入端，"＋" 和 "－" 分别是整流后脉动直流电压的正输出端和负输出端。

任务三　稳压电路的制作与调试

【任务导入】

电网电压波动、负载电流的剧烈变化等，都会引起直流稳压电源中整流、滤波得到的直流电压出现波动，为了得到更稳定的输出电压，往往需要在整流、滤波后增加一个稳压电路，或者要把一个直流电压源变换成另一个幅值的电压源，也需要使用稳压电路，常见的稳压电路一般由稳压二极管、三端稳压器、开关电源等构成。

【任务分析】

本任务主要学习稳压二极管稳压电路和三端稳压电路的电路结构、工作原理、电路特点，以及相关元器件的选择，需要重点对三端稳压器的典型应用电路进行学习；其次要求对串联型稳压电源电路和集成芯片的开关型稳压电源电路进行了解，并要求能对三端稳压器电源电路进行检测。

【知识链接】

稳压电源电路从结构上可以分为并联型和串联型两种，其中稳压二极管稳压电源是一种典型的并联型电压源，三端稳压器稳压电源是一种典型的串联型电压源。从工作原理上可以分为线性电源和开关型电源，上述两种电压源又都可以归于线性电源类别。本任务将简单介绍稳压二极管稳压电源电路，详细分析三端稳压器的典型应用电路，关于离散器件构成的线性串联型稳压电源和开关型电源希望读者通过拓展知识进行了解。

一、稳压二极管稳压电路

将任务二中简单介绍的稳压二极管稳压电路（见图2-17）与变压器、整流电路、电容滤波电路连接，构成了图2-29所示完整的稳压二极管稳压电源电路。

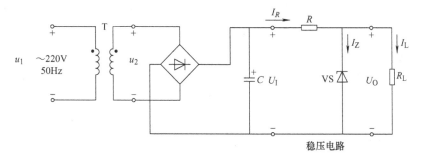

图 2-29　变压、整流、滤波、二极管稳压电源电路

当电网电压和负载发生变化时，该稳压电路都能维持输出电压 U_0 基本恒定，它稳定电压的过程如下：

1）负载不变，电网电压升高。

$$U_I \uparrow \rightarrow U_O \uparrow \rightarrow I_Z \uparrow \rightarrow I_R \uparrow \rightarrow U_R \uparrow \rightarrow U_O \downarrow (U_O = U_I \uparrow - U_R \uparrow)$$

2）负载不变，电网电压降低。

$$U_I \downarrow \rightarrow U_O \downarrow \rightarrow I_Z \downarrow \rightarrow I_R \downarrow \rightarrow U_R \downarrow \rightarrow U_O \uparrow (U_O = U_I \downarrow - U_R \downarrow)$$

3）电网电压不变，负载增大。

$$R_L \downarrow \rightarrow U_O \downarrow \rightarrow I_Z \downarrow \rightarrow I_R \downarrow \rightarrow U_R \downarrow \rightarrow U_O \uparrow (U_O = U_I - U_R \downarrow)$$

4）电网电压不变，负载减小。

$$R_L \uparrow \rightarrow U_O \uparrow \rightarrow I_Z \uparrow \rightarrow I_R \uparrow \rightarrow U_R \uparrow \rightarrow U_O \downarrow (U_O = U_I - U_R \uparrow)$$

二、三端稳压器稳压电路

集成稳压电路具有稳压精度高、工作稳定、外围电路简单、体积小及质量轻等特点，因此目前大多数电子系统中的电源一般采用集成稳压电路实现，而三端稳压器是一种非常典型的中小功率的集成稳压器，被广泛应用。

1. 三端稳压器的认识

目前市面上可购买到的三端稳压器种类繁多，常见的集成稳压器的型号与参数见附录 E。本任务选择通用性较好的 78×× 系列和 79×× 系列为例来展开。

1）外观与符号。78×× 系列三端稳压器为正输出稳压器件，有三个引脚：1 脚为直流电源输入端，一般用 U_I 表示；2 脚为输入输出电源公共端，一般用 COM 表示；3 脚为直流正电源输出端，一般用 U_O 表示。其实物图及电路符号如图 2-30 所示。

79×× 系列三端稳压器为负输出稳压器件，有三个引脚：1 脚为输入输出电源公共端，一般用 COM 表示；2 脚为直流电源输入端，一般用 U_I 表示；3 脚为直流负电源输出端，一般用 U_O 表示。具体实物图、电路符号如图 2-31 所示。

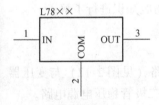

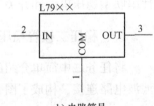

a) 实物图   b) 电路符号   a) 实物图   b) 电路符号

图 2-30　78×× 系列三端稳压器实物图及电路符号   图 2-31　79×× 系列三端稳压器实物图及电路符号

2）型号参数。

① 输出电压有 ±5V、±6V、±9V、±12V、±15V、±18V、±24V 等 7 档，其中型号后两位表示输出电压值，如 7812 表示 +12V，7912 表示 −12V；

② 输出电流分为 1A（如 7805）、0.5A（如 78M05）、0.1A（如 78L05）三档；

③ 输入输出压差一般 2V 以上。

型号实例如图 2-32 所示。

2. 三端稳压器的应用

三端稳压器的应用电路比较多，典型的有固定输出应用电路、可调输出应用电路、扩流输出应用电路等。

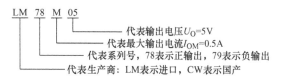

图 2-32　型号实例

（1）固定输出应用电路　通过查找 LM7812 的数据手册，可以得到它的基本应用电路如图 2-33a 所示，图中 U_1 是直流电压源，可以是来自电网电压经过变压、整流、滤波后的直流电压，也可以来自工业场合具有的直流电压源或者电池，比如 6V、12V、24V 等规格的直流电压源；U_O 是稳压后的输出。把基本应用电路和变压、整流、滤波电路连接起来，就构成了如图 2-33b 所示的完整的线性直流稳压电压源电路。电容 C_1 为输入电压滤波电容，用于滤除输入电源中的高频分量和干扰，电容 C_2 为输出电压滤波电容，用于消除负载变化引起的干扰。当负载电流较大，或者输入输出压差较大时，一般需要在 LM7812 上加装散热装置（散热片、散热风扇）。

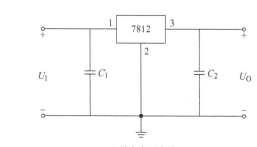

a) 基本应用电路

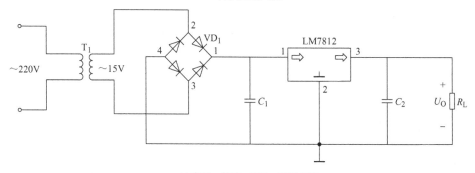

b) 变压、整流、滤波、稳压电路

图 2-33　LM7812 固定输出应用电路

（2）可调输出应用电路　固定输出电路是把公共端与电源参考点（参考 0V 点）相连，而三端稳压器 LM7812 的输出电压参考于公共端是 12V，如果把公共端的电压设计成可调节的，则输出电压将随公共端电压可调，根据这个思路，可调输出应用电路如图 2-34 所示。图中 R_1、R_P 构成公共点电压调整支路，通过改变 R_P 可以改变输出电压的大小，具体大小可以由式（2-8）计算。

$$U_O = 12\left(1 + \frac{R_P}{R_1}\right) + I_Q R_P \tag{2-8}$$

（3）扩流输出应用电路　扩流输出应用电路如图 2-35 所示，图中 VT 为大功率晶体管，

向负载提供大电流 I_V，R 为晶体管 VT 的偏置电阻，保证 VT 发射极正偏，I_{REG} 为流过 LM7812 的电流，根据节点电流法，输出电流 I_O 由式(2-9) 计算，电阻 R 的大小由式(2-10) 计算。

$$I_O = I_{REG} + \beta \left(I_{REG} - \frac{U_{BEQ1}}{R} \right) \tag{2-9}$$

$$R = \frac{U_{BEQ1}}{I_{REG} - \dfrac{I_V}{\beta}} \tag{2-10}$$

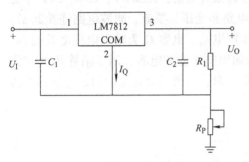

图 2-34   可调输出应用电路

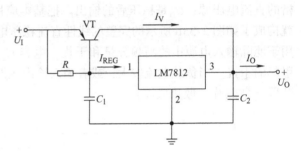

图 2-35   扩流输出应用电路

【任务实施】 三端稳压器稳压电路制作与调试

1. 实训目的

1）熟悉集成稳压芯片的稳压电路及稳压特性。

2）学会通过使用仪表解决直流稳压电源电路故障的能力。

3）能使用示波器和万用表检测直流稳压电源的各级输出。

4）增强专业意识，培养良好的职业道德和职业习惯。

2. 实训设备与器件

1）数字万用表 1 块，双踪数字示波器 1 台。

2）实训电路板 1 块。

3）家用交流电源。

4）导线若干。

3. 实训内容与步骤

（1）元器件的识别与检测   使用万用表对元器件进行检测，如果发现元器件有损坏，请说明情况，并更换新的元器件。

（2）电路制作   在实训板上按照图 2-36 所示的实训电路图搭建电路。其中变压器外置，使用时从电源区引入电路。

（3）电路调试

1）打开 15V 变压器开关，使用万用表的直流电压档，测量稳压器件的输入输出电压的平均值 U_I 和 U_O，记录到表格 2-7 中。

2）使用示波器的交流耦合输入模式测量稳压器件的输入输出电压的纹波 u_I 和 u_O 的，记录到表格 2-7 中。

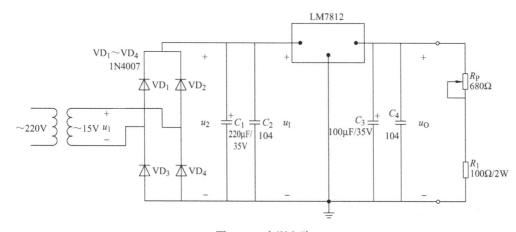

图 2-36　实训电路

表 2-7　稳压电路的数据表（$U_2 = 15\text{V}$, $f = 50\text{Hz}$）

	输 入 电 压		输 出 电 压		
	平均值 U_1/V	纹波 u_1/V	理论值 U_0/V	测量值 U_0/V	纹 波 u_0/V
万用表测量		—			—
示波器测量	—		—		

4. 注意事项

1）在连接集成电路时，注意不要把引脚顺序弄混，否则将烧坏器件。

2）在连接极性电容时，一定要注意极性不能接错，以免损坏元器件，甚至伤人。

3）禁止带电连接电路。

4）使用万用表测量电压时一定注意选择正确的档位，特别禁止用电流档测量电压，以免损坏仪表。

5. 实训报告与实训思考

1）如实记录数据，完成实训报告书。

2）稳压前后纹波大小是否一致？

3）请思考，如果负载电流突然变化，输出电压的纹波是否会变大？

【拓展知识】　其他稳压电路的认识

1. 串联型稳压电源电路

（1）电路结构　串联型稳压电源一般由调整管、比较放大器、基准电压、取样电路四部分构成。某串联型直流稳压电压源电路如图 2-37 所示。图中电路输入的电压从 ACIN 端输入，一般为 220V/50Hz 家用电经过变压器后得到的合适大小的正弦交流电压。整流二极管 $VD_1 \sim VD_4$、C_1 构成桥式整流滤波电路，R_1 为测试负载。调整管 VT_1 和 VT_2 采用推挽结构组成复合管，极大提高了带负载能力。由 R_4 和 VS 构成并联二极管稳压电路，给比较放大晶体管 VT_4 的发射极提供 6.2V 的基准电压，与 R_5、R_6、R_p 取样电路的取样电压进行比较，获得误差电压，去控制复合调整管，R_2 和 C_2 构成滤波电路，可以有效平滑比较放大管 VT_4 输出的电压，使调整管平滑工作，达到有效降低输出纹波的目的。电容 C_3、C_4 构成输出滤波，R_7 为负载电阻，U_O 为直流电压正输出。R_3、VT_3 构成了一个过载保护电路，此电路设计的保护电流在 1A 左右。

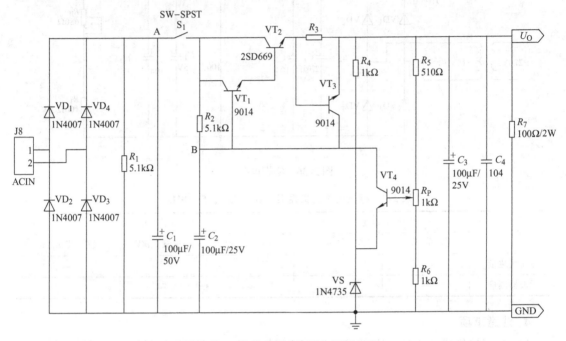

图 2-37　串联型直流稳压电压源电路

（2）电路原理

1）稳压过程。当电网电压升高或负载电流减小时，输出电压 U_O 升高。该电压升高导致 VT_4 基极电压升高，I_{B4} 升高，I_{C4} 升高，U_{R2} 升高，U_{B1} 降低，I_{B1} 和 I_{E1} 降低，I_{B2} 和 I_{C2} 降低，U_{CE2} 升高，从而使得输出电压 U_O 降低，达到稳定输出电压的目的。

当电网电压降低或负载电流增加时，输出电压 U_O 降低。该电压降低导致 VT_4 基极电压降低，I_{B4} 降低，I_{C4} 降低，U_{R2} 降低，U_{B1} 增加，I_{B1} 和 I_{E1} 增加，I_{B2} 和 I_{C2} 增加，U_{CE2} 降低，从而使得输出电压 U_O 增加，达到稳定输出电压的目的。

2）输出电压调整范围。当可调电位器 R_P 调至上半部分为 0，下半部分为 $1k\Omega$ 时，输出电压最小，即

$$U_{Omin} = \frac{R_5 + R_P + R_6}{R_6 + R_P}(U_{VS} + U_{BE4}) \approx 8.6V \tag{2-11}$$

当可调电位器 R_P 调至上半部分为 $1k\Omega$，下半部分为 0 时，输出电压最大，即

$$U_{Omax} = \frac{R_5 + R_P + R_6}{R_6}(U_{VS} + U_{BE4}) \approx 17.25V \tag{2-12}$$

3）过电流保护。VT_3 的基极和发射极间饱和电压 $U_{BES} = 1V$，当流过 R_3 达到 1A 时，$U_{BE3} = U_{R3} = 1V$，VT_3 进入饱和状态，$U_{E3} \approx U_{C3}$，使得 U_{B3} 下降，VT_1、VT_2 截止，输出电压下降，输出电流下降。

2. 开关电源电路

（1）电路结构　MC34063A 系列是包含 DC – DC 转换器基本功能的单片集成控制电路，该器件的内部组成包括带温度补偿的参考电压、比较器、带限流电路的占空比控制振荡器、驱动器、大电流输出开关，内部结构如图 2-38a 所示。图 2-38b 是 MC34063 构成的开关稳压电源电路，图中交流电压从 POWER + 和 POWER –端输入，一般为 220V/50Hz 家用电经过变

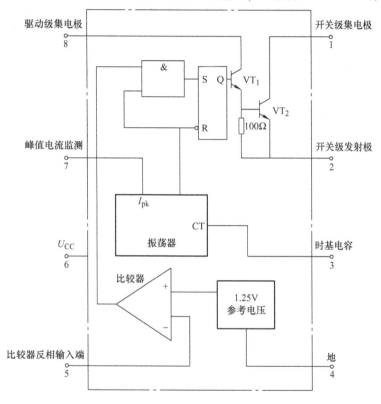

a) MC34063内部结构

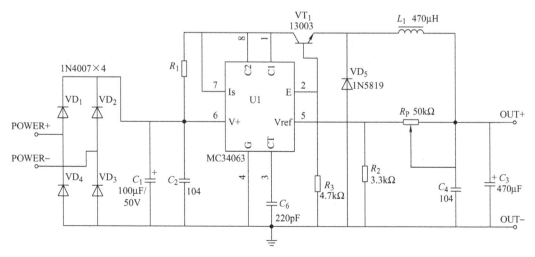

b) MC34063开关稳压电路

图 2-38　MC34063 内部结构与开关稳压电路

压器后得到大小合适的正弦交流电压。整流二极管 $VD_1 \sim VD_4$、C_1、C_2 构成桥式整流滤波电路，其中 C_1 为电解电容，用于滤除低频分量，C_2 为陶瓷电容，用于滤除高频分量，R_1 用于检测电流。VT_1 为中等功率晶体管，作为电子开关和扩流的作用。电感 L_1 扼制交流分量，确保直流分量达到输出端。二极管 VD_5 采用肖特基二极管，起到续流的作用，作用是当电子开关关断时，给电感上反向电压提供一个放电回路，保证 BUCK 电路能正常工作。电阻 R_2、R_p 构成取样电路，为 V_{ref} 提供比较电压，通过调整 R_p 的大小，可以调整输出电压的大小。电容 C_3 和 C_4 为输出滤波电路，其中 C_3 为电解电容用于滤除低频分量，C_4 为陶瓷电容，用于滤除高频分量。MC34063 为核心控制器件，完成峰值电流控制、电压比较、开关控制等功能。

（2）电路原理分析　输入电压由 6 脚输入，经电流取样电阻 R_1 给芯片内部达林顿管供电，达林顿管导通时，通过 1 脚和 2 脚控制 VT_1 饱和导通工作，电源通过 VT_1 和电感 L_1 给电容 C_3 充电。达林顿管截止时，电感 L_1 两端感应电压极性变为左负右正，通过续流二极管 VD_5 给电容 C_3 补充电，而保持 C_3 电压稳定。输出电压再经反馈电阻 R_2、R_p 取样反馈至芯片第 5 脚（V_{ref}），经芯片内部电压比较器控制内部达林顿管的导通时间，达到稳定输出电压目的。输出电压 $U_o = 1.25(1 + R_P/R_2)$。

项目实施与评价

1. 实施目的

1）能正确安装全波整流、滤波、稳压电路。

2）能正确使用集成稳压器件。

3）能正确使用仪表对制作的电路进行调试，并解决故障。

4）能组织和协调团队工作。

2. 实施过程

（1）设备与元器件准备

1）设备准备：万用表 1 块，示波器 1 台，±12V 双路输出变压器 1 个。

2）元器件准备：电路所需要的元器件的名称、规格、数量等见表 2-8。

表 2-8　±12V 直流稳压双路电压源电路的元器件清单

名称与代号	型号与规格	封　装	数量	单位
电阻 R_1、R_2	$2k\Omega$ 1/4W	色环直插	2	只
电阻 R_{28}、R_{29}	$10k\Omega$ 1/4W	色环直插	2	只
二极管 $VD_1 \sim VD_4$	1N007	直插 DO-41	4	只
发光二极管 VL_1、VL_2	红色	直插 短脚 3mm	2	只
三端稳压器 U1	L7812CV	直插 TO-220	1	片
三端稳压器 U2	L7912CV	直插 TO-220	1	片
电解电容 C_1、C_2、C_5、C_6	$220\mu F/25V$	直插 6mm×11mm	4	只
瓷片电容 C_3、C_4、C_7、C_8	$0.1\mu F$　50V	直插	4	只
接线端子 P_1	绿色 3PKT508K	直插　弯头 针间距 5.08mm	3	针
PCB			1	块

（2）电路识读 ±12V直流稳压双路电压源电路图如图2-2所示，本电路主要为低频功率放大器提供+12V和-12V的双路电源，每一路最大输出电流为1A。

本电路采用三端稳压器LM7812和LM7912作为稳压器件。220V的单相交流电经过双输出变压器T_1输出有效值为±12V的正弦交流电压，经$VD_1 \sim VD_4$全波整流后，$C_1 \sim C_4$滤波后，分别送入LM7812和LM7912进行稳压，$C_5 \sim C_8$滤波后，得到稳定的±12V电压源，电阻R_1和VL_1构成+12V电源指示灯，电阻R_2和VL_2构成-12V电源指示灯，R_{28}、R_{29}为测试用电阻。

（3）±12V直流稳压双路电压源电路的安装与调试

1）元器件检测。用万用表仔细检查电阻、电容、二极管等元器件的好坏，防止将性能不佳的元器件装配到电路板上。

2）电路的安装。电路板装配应该遵循"先低后高，先内后外"的原则，对照元器件清单和电路板丝印，将电路所需要的元器件安装到正确的位置。由于电路板为双面板，请在电路板正面安装元器件，反面进行焊接，并确保无错焊、漏焊、虚焊。焊接时要保证元器件紧贴电路板，以保证同类元器件高度平整、一致，制作的产品美观。装配的电路板布局如图2-39所示。

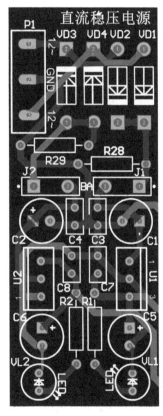

图2-39 ±12V直流稳压电压源装配图

3）电路调试。先测试变压器的输出波形和电压，然后用示波器分别观察整流、滤波及稳压波形，并测量出整流、滤波、稳压后各级的电压值，具体测量与调试方案如下：

① 使用示波器检测变压器的二次侧两路输出电压波形是否为正弦波、频率是否为50Hz，电压有效值是否为+12V和-12V。如果数据不正常，先确认示波器测量方式是否正确，如果正确，断开电源，使用万用表检测变压器输出引出线是否正常，如果正常，使用万用表的交流750V档检测变压器一次电压有效值是否为220V，如果正常，更换变压器，如果不正常，更改电源接入插座，重复上述过程。

② 仔细观察和检查电路中的元器件的极性、方向和型号是否安装正确，确认无误后，将变压器的二次侧双路输出（三根线）连接到电路板电源输入端，即标有~+12V、COM、~-12V三个丝印的接线端子P_1上，并用示波器CH_1和CH_2通道在直流耦合模式下分别观测A点和B点的波形，确定波形是否为"M"型脉动全波，频率为100Hz，电压峰值略大于20V。如果数据和波形不正常，请仔细检查整流二极管的型号、极性、焊接点等是否正常。

③ 装上跳线J_1和J_2，使用万用表的直流电压档分别测量A点和B点的对地电压平均值，确定大小是否略大于15V。如果数据偏低，请仔细检测电容是否有断焊、虚焊。

④ 使用万用表的直流电压档分别测量输出电压+12V和-12V，确定输出电压是否符合要求。如果数据不正常，请仔细检查稳压芯片的型号、极性、焊接点等是否正常。

（4）编写项目实施报告　参见附录A。

（5）考核与评价

检查项目		考核要求	分值	学生互评	教师评价
项目知识与准备	二极管的识别与检测	能陈述半导体二极管的结构与特性	10		
	变压、整流、滤波、稳压电路的原理	能分析电路中每一个元器件的作用	20		
	器件选型	能根据计算公式选择恰当的元器件	10		
项目操作技能	准备工作	10min中内完成仪器、元器件的清理工作	10		
	元器件检测	能独立完成元器件的检测	10		
	安装	能正确安装元器件，焊接工艺美观	10		
	通电调试	能使用正确的仪器分级检测电路；输出电压正常	20		
	用电安全	严格遵守电工作业章程	5		
职业素养	实践表现	能遵守安全规程与实训室管理制度；表达能力；9S；团队协作能力	5		
项目成绩					

项目小结

1. 知识能力

1）半导体中有自由电子和空穴两种极性相反的载流子，杂质半导体有P型和N型两种，P型半导体多数载流子是空穴，N型半导体多数载流子是自由电子，N型和P型半导体通过特殊工艺靠在一起可以形成PN结，PN具有单向导电性。

2）二极管的核心是PN结，同样具有单向导电性，常见的二极管有整流二极管、开关二极管、稳压二极管、发光二极管等，分别用于整流、开关、稳压、指示或照明等场合，其中稳压二极管工作在反向齐纳击穿状态。

3）线性直流稳压电压源一般由变压电路、整流电路、滤波电路及稳压电路等四个部分构成。

4）单相整流电路一般有半波整流电路、桥式整流电路、全波整流电路三种。滤波电路一般由电容和电感构成，其中电容和负载并联，电感器和负载串联。

5）稳压电路主要有稳压二极管稳压电路、三端稳压器稳压电路、开关器件稳压电路等，其中稳压二极管稳压电路用于负载电流较小且变化不大的场合。对于小信号放大电路的电源，一般使用三端稳压器稳压电路。

2. 实践技能

1）使用万用表检测二极管的方法。

2）整流、滤波、稳压电路的测试方法，常见故障排查方法。

3）典型产品中直流电压源的制作、调试方法。

项 目 测 试

1. 填空题

2-1 根据制作半导体材料的不同，半导体一般可以分为_____半导体和_____半导体。

2-2 半导体一般具有_____、_____和_____等三种特性。

2-3 本征半导体是指_____，本征半导体的载流子是_____和_____，它们的浓度_____（一样/不一样）。

2-4 在杂质半导体中，多数载流子的浓度主要取决于掺入的_____，而少数载流子的浓度主要与_____有很大关系。

2-5 P 型半导体一般是在本征半导体中掺入一定浓度的_____阶元素杂质，_____为多数载流子，_____为少数载流子；N 型半导体一般是在本征半导体中掺入一定浓度的_____阶元素杂质，_____为多数载流子，_____为少数载流子。

2-6 PN 结的形成过程中，扩散运动是_____载流子形成的，漂移运动时_____载流子形成的。

2-7 PN 结的_____区接高电位，_____区接低电位，PN 结正向偏置；PN 结的_____区接高电位电，_____区接低电位，PN 结反向偏置，这就是 PN 结的单向导电性。

2-8 在常温下，硅二极管的门限电压约为_____V，饱和导通后正向压降约为_____V；锗二极管的门限电压约为_____V，饱和导通后正向压降约为_____V；发光二极管饱和导通后正向压降约为_____V。

2-9 要从家用电得到一个稳定的直流电压，一般需要经过_____、_____、_____和_____四个过程。

2-10 假设某线性直流稳压电源中变压器输出的电压有效值为 12V，则单相桥式整流电路负载两端的电压平均值是_____V，加上电容滤波后负载两端的电压平均值是_____V，如果稳压电路采用 7809，则负载两端的电压值是_____V，如果稳压电路采用 7909，则负载两端的电压值是_____V。

2. 选择题

2-11 二极管加正向电压时，其正向电流是由（　　　）

A. 多数载流子扩散形成　　　　　　　　　B. 多数载流子漂移形成

C. 少数载流子扩散形成　　　　　　　　　D. 少数载流子漂移形成

2-12 PN 结外加反向电压，在其击穿前，随着电压大小的增加，（　　　）

A. 反向电流增大　　　　　　　　　　　　B. 正向电流增大

C. 反向电流基本不变　　　　　　　　　　D. 正向电流基本不变

2-13　稳压二极管稳定电压时，其工作在（　　　）

A. 反向导通状态　　　　　　　　　　B. 正向导通状态

C. 反向击穿状态　　　　　　　　　　D. 正向击穿状态

2-14　桥式整流电容滤波电路中，若 $U_2 = 15V$，则 $U_o = （　　　）$ V。

A. 13.5　　　　　　　　　　　　　B. 18

C. 6.8　　　　　　　　　　　　　　D. 20

2-15　设某线性直流稳压电源中变压器输出的电压有效值为 12V，采用桥式整流、电容滤波电路结构，通过检测发现电容两端的电压约为 11V，则可能的电路故障是（　　　）。

A. 桥式整流电路中某一个整流二极管开路　　B. 电容短路

C. 桥式整流电路中某一个整流二极管短路　　D. 电容开路

3. 判断题

2-16　由于 P 型半导体中含有大量空穴载流子，N 型半导体中含有大量自由电子载流子，所以 P 型半导体带正电，N 型半导体带负电。　　　　　　　　　　　（　　　）

2-17　在 N 型半导体中，掺入高浓度的三价杂质，可以变成 P 型半导体。　（　　　）

2-18　由于二极管反向不导通，因此给它外加反向电压可以无穷大。　　　（　　　）

2-19　稳压二极管由于利用反向击穿状态稳定电压，所以外加正向电压时，都不会导通。

　　　　　　　　　　　　　　　　　　　　　　　　　　　　　　　　　（　　　）

4. 分析计算题

2-20　（1）使用图 2-40 中给定的仪器和元器件设计实现一个输出电压为 +12V 的直流电压源，在图中画出连线图；

（2）图中 u_2 的有效值是多少，桥式整流后的电压又是多少，加上滤波电容后电压是多少；

（3）请说明电容 C_1、C_2 的作用；

（4）图中的 LM7812 起什么作用？

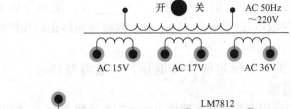

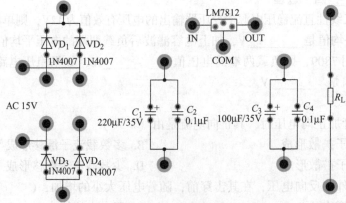

图 2-40　习题 2-20 图

项目三　音频前置放大电路的制作

项目描述

从语音存储装置（手机、计算机等）输出的语音信号往往幅度比较低，而从声音传感器（传声器等）采集的语音信号幅度更低，都不足以直接驱动扬声器发出声音，因此需要对其进行前置（电压）放大。本书中典型产品具有两路输入信号，因此需要设计两个独立的前置放大电路，电路结构上要求采用阻容耦合的两级单管放大电路，第一级电路采用共集电极放大电路，保证电路具有较大的输入阻抗，第二级电路采用共发射极放大电路，保证空载下能够获得电压放大倍数为 $50 \sim 100$，前置放大电路要求使用项目二中制作的 $+12\mathrm{V}$ 直流稳压电压源供电，具体电路如图 3-1 所示。

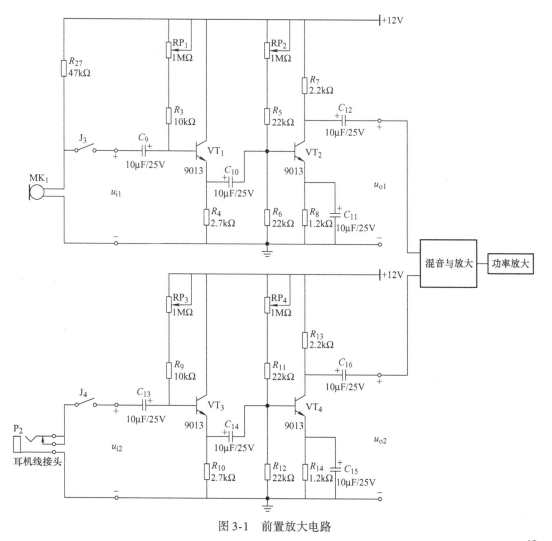

图 3-1　前置放大电路

学习目标

【知识目标】

1）能画出晶体管的简单结构和符号。

2）能陈述晶体管的基本特性。

3）能陈述放大电路的一般组成和基本分析方法。

4）能分析单管共发射极放大电路的性能指标。

5）能简单陈述共集电极、共基极放大电路的特性。

【技能目标】

1）能使用万用表检测晶体管。

2）会查阅晶体管的各种资料及参数。

3）能识读基本放大电路图。

4）能对各种放大电路进行安装、调试。

5）能对放大电路的故障进行分析、判断，并加以解决。

任务一　晶体管的识别与检测

【任务导入】

晶体管是构成放大电路、电子开关等电路的核心器件，对晶体管的类型、内外特性、放大作用、质量判断等的学习是用好晶体管的基本要求。本任务主要给大家介绍晶体管的识别与检测。

【任务分析】

本任务主要学习晶体管的基本结构、类型，并对晶体管的工作原理、电流放大作用、特性曲线等进行重点学习，能根据晶体管的主要参数选择合适的晶体管应用于电路，并要求能使用万用表对晶体管进行检测。

【知识链接】

一、晶体管的结构与类型

双极型晶体管（BJT）简称为晶体管，是通过一定工艺将两个 PN 结结合在一起的器件。两个 PN 结相互影响，使得 BJT 表现出电流放大作用，因此晶体管是电子线路中重要的器件。

1. 晶体管的结构

根据结构不同，晶体管可以分为 NPN 型和 PNP 型两种，它们的内部结构示意图和符号分别如图 3-2a、b 所示。

下面以 NPN 型晶体管为例进行详细阐述。由内部结构图可知，晶体管是由两个共用 P 型半导体的 PN 结构成的三层半导体结构，所以晶体管具有三块半导体，分别引出一根引线，成为了晶体管的三个极，即 **发射极 e**（Emitter）、**基极 b**（Base）、**集电极 c**（Collector），对应的三块半导体被称为 **发射区**、**基区**、**集电区**。

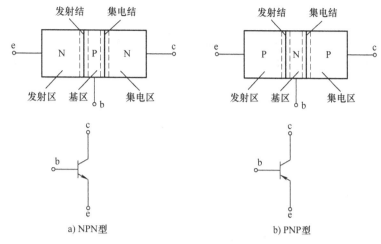

图 3-2　NPN 型和 PNP 型晶体管内部结构和符号

在三个区的交界处形成了两个 PN 结：发射区与基区交界处形成了发射结，集电区与基区交界处形成了集电结。

PNP 型晶体管的结构类同与 NPN 型晶体管，只是中间基极为 N 型半导体，两边为 P 型半导体，三个电极上的电压极性和电流方向相反。

在工艺上，为了保证晶体管的电流放大特性，制作时必须使晶体管具有以下内部条件：

1）基区很薄，确保发射极发出的多数载流子更容易穿过基区到达集电区。

2）发射区掺入的杂质浓度大，确保发射区的多数载流子可以在外电场的作用下更容易向基区扩散。

3）集电区面积大于发射区，确保集电区可以从基区收集大量来自发射区的多数载流子。

2. 晶体管的类型

晶体管的种类很多，常见分类方式主要有以下五种：

1）按内部结构分，有 NPN 型和 PNP 型两种。

2）按半导体材料分，有锗管和硅管两种。

3）按工作频率分，有低频管和高频管两种。

4）按功率分，有小功率管、中功率管和大功率管两种。

5）按用途分，有普通晶体管和开关晶体管两种。

3. 晶体管的外形

不同功能、不同型号的晶体管的封装（外形）往往不同，晶体管主要的外形和型号举例如图 3-3 所示。

二、晶体管的电流放大作用

由于 NPN 型晶体管和 PNP 型晶体管的内部结构、电压极性和电流方向存在互异性，为了方便分析晶体管的电流放大作用，下面选择 NPN 型晶体管为例详细阐述。

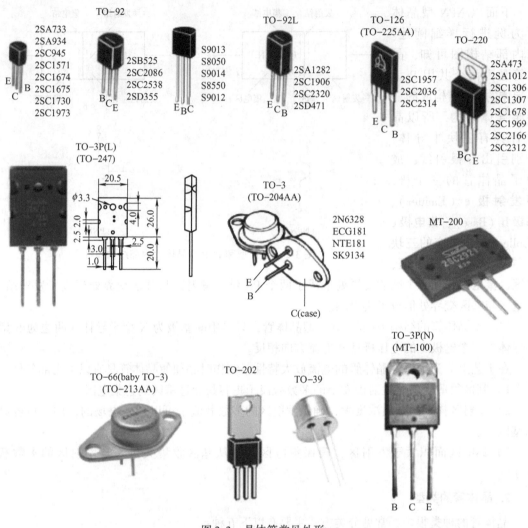

图 3-3　晶体管常见外形

1. 晶体管的电流放大条件

晶体管实现放大作用必须同时具备内部条件和外部条件，其中内部条件由工艺决定，前面已经进行了详细的阐述。外部条件必须满足：发射结正向偏置，集电结反向偏置。

2. 晶体管内部载流子传输

图 3-4 是 NPN 型管在外加偏置电压的情况下，内部载流子运动和外部电流关系图。

（1）发射区多数载流子扩散到基区

图中 U_{BB} 通过 R_b 给发射结提供正向偏置电

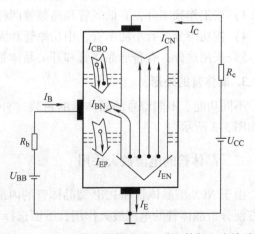

图 3-4　NPN 型管内部载流子运动和外部电流关系

压，即晶体管基极电压 U_B > 发射极电压 U_E，发射区的多数载流子电子会不断通过发射结扩散到基区，形成一个发射极电流 I_{EN}，其方向与多数载流子电子流动方向相反。同时，基区空穴也会扩散到发射区，形成另一个发射极电流 I_{EP}，由于发射区杂质浓度远远大于基区，I_{EP} 可以忽略不计，所以最终发射极电流 $I_E = I_{EN} + I_{EP} \approx I_{EN}$。

（2）电子在基区中扩散与复合　发射区扩散到基区的电子会和基区中的多数载流子空穴复合，形成一个基极电流 I_{BN}，由于基区很薄，其多数载流子空穴浓度有限，所以基极电流 I_{BN} 比较小，剩余大量的电子就会在集电结的边缘聚集。

（3）集电区收集扩散过来的电子　图中 U_{CC} 通过 R_c 给集电结提供反向偏置电压，即集电区电压 U_C > 基区电压 U_B，集电区的电子和空穴虽然很难通过集电结，但是可以使得基区中在集电结边缘聚集的电子很容易漂移通过集电结，到达集电区，形成一个集电极电流 I_{CN}。同时，根据 PN 结的反偏特性，基区的少数载流子电子和集电区中少数载流子空穴还会反向漂移，形成反向饱和电压 I_{CBO}，它的数值很小，对电流放大不起作用，但受温度影响较大，不利于晶体管工作的稳定性。所以，最终的集电极电流 $I_C = I_{CN} + I_{CBO} \approx I_{CN}$。

综上所述，发射区扩散出去的自由电子少部分与基区的空穴复合，形成基极电流 I_B，大部分进入集电极，形成集电极电流 I_C，因此发射极电流 $I_E = I_B + I_C$。

3. 电流放大作用

为了得到晶体管对电流放大作用大小，构建了图 3-5 所示的实验电路，图示电路接法称为共发射极放大电路。其中电压源 U_{CC} 大于 U_{BB}，并调整选择合适的 R_c 和 R_b，从而使得电路满足外部放大条件，Δu_i 为输入交流电压。

1）保持 $\Delta u_i = 0$，在保证放大条件下，$I_E = I_B + I_C$。

2）保持 $\Delta u_i = 0$，在保证放大条件下，改变 R_b，得到系列 I_B、I_C、I_E，分析数据可得：$I_C = \bar{\beta} I_B$，其中 $\bar{\beta}$ 为直流电流放大倍数，可以表征晶体管的基极电流对发射极电流的控制（放大）能力。

3）保持 R_b 不变，在保证放大条件下，改变 Δu_i，得到系列 i_b、i_c、i_e，分析数据可得：$\Delta i_c = \beta \Delta i_b$，其中 β 为交流电流放大倍数，可以表征晶体管的基极电流对发射极电流的控制（放大）能力。

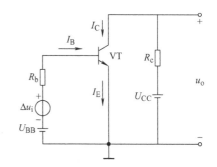

图 3-5　NPN 型管电流放大作用实验电路

由上可见，晶体管是一种具有电流放大作用的模拟器件，在中频区，$\beta \approx \bar{\beta}$，因此，一般情况下，都用 β 表示晶体管的电流放大倍数。

三、晶体管的特性

1. 输入特性

输入特性是指当集电极与发射极之间的电压 u_{CE} 为一常数时，加在晶体管基极与发射极之间的电压 u_{BE} 与基极电流 i_B 之间的关系曲线。某 NPN 型晶体管的输入特性曲线如图 3-6a 所示。

从曲线中可以看出这样几个问题：

1）为什么像 PN 结的伏安特性？

2）为什么 u_{CE} 增大曲线右移？

3）为什么 u_{CE} 增大到一定值曲线右移就不明显了？

由于 u_{CE} 是常数，晶体管的 b-e 之间可以看成一个正偏的 PN 结，所以晶体管的输入特性曲线和 PN 结的正向伏安特性曲线相似。当 u_{CE} 从 0V 逐步向 1V 增加的过程中，集电结的反向电压逐步增加，集电结吸引电子的能力增强，使得发射极进入基极的电子更多地流向集电区，使得相同的 u_{BE} 下，流向基极的电子比原来的要减少，电流 i_B 也就少了，特性曲线向右移动了。

在 $u_{CE} > 1V$ 以后，只要保持 u_{BE} 不变，则从发射区发射到基区的电子是一定的，而集电结所加的反向电压大于 1V 以后已能把这些电子几乎全部拉到集电区，u_{CE} 再增加，i_B 也不会在明显减少，因此 $u_{CE} > 1V$ 以后的曲线与 $u_{CE} = 1V$ 的曲线几乎重合。

一般地，晶体管处于放大状态时，u_{CE} 总是大于 1V，因此通常用 $u_{CE} \geq 1V$ 的曲线来表征晶体管的输入特性。

由以上分析，晶体管输入特性与 PN 结正向特性类似，所以晶体管输入特性同样存在死区电压和发射结饱和压降 U_{BES}。对于 Si 管，死区电压约为 0.5V，发射结饱和压降为 0.6 ~ 0.7V。对于 Ge 管，死区电压约为 0.1V，发射结饱和压降为 0.2 ~ 0.3V。

2. 输出特性

输出特性是指当基极电流 i_B 一定的情况下，晶体管的集电极与发射极之间的电压 u_{CE} 与集电极电流 i_C 之间的关系曲线。某 NPN 型晶体管的输出特性曲线如图 3-6b 所示。

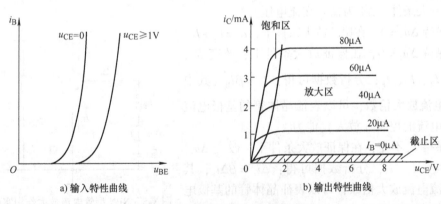

a) 输入特性曲线　　　　b) 输出特性曲线

图 3-6　NPN 型晶体管的特性曲线

图中每一根曲线都是非线性的，包括一个陡峭上升区和一个平坦区，其中所有曲线的陡峭上升区几乎重合，每一根曲线的平坦区几乎平行，说明晶体管具有相对稳定的电流放大特性（恒流特性）。

根据输出特性，通常将晶体管的工作状态划分为三大工作区域。

（1）饱和区　当 $u_{CE} \leq u_{BE}$ 时，发射结正偏，集电结也正偏，此时所对应的 u_{CE} 值称为饱和压降，用 U_{CES} 表示。该区间在输出曲线上是陡峭上升的区域，称之为饱和区域。饱和状态下 i_B 对 i_C 没有控制作用，i_C 主要由外电路决定。一般情况下，小功率管的 U_{CES} 较小，Si 管为 0.3V，Ge 管为 0.1V，大功率管为 1 ~ 3V。由于小功率管的 U_{CES} 相对较小，c-e 两极近似短路，所以饱和状态相当于电子开关的闭合状态。

（2）截止区　输出曲线中 $i_B = 0$ 的区域，称为截止区域。实际上，对于 NPN 晶体管，

当 $u_{BE} < 0.5V$，即开始截止，但是在工程应用上，为了确保晶体管可靠截止，通常会使 $u_{BE} \leqslant 0V$。截止时，晶体管的发射结和集电结反偏或者零偏，此时，u_{CE} 最大，接近电源电压，因此，晶体管的 c-e 之间相当于电子开关的断开状态。

(3) 放大区　当 $u_{CE} > u_{BE}$，且 $i_B > 0$，此时发射结正偏，集电结反偏，晶体管工作在放大状态。该区间对应输出曲线中的平坦区域，称之为<u>放大区域</u>。放大状态下 i_C 只受 i_B 控制，即 $i_C = \beta i_B$，不受 u_{CE} 的影响，对于 NPN 型管，晶体管三个区的电压关系是 $U_C > U_B > U_E$，对于 PNP 型管，晶体管三个区的电压关系是 $U_C < U_B < U_E$。

【例3-1】　使用直流电压表测量得到放大电路中晶体管各电极对地电位分别为图3-7所示的值。试判断各管的型号、材料、三个电极的电压。

【解题理论支撑】根据晶体管工作在放大状态，**NPN 型管应该满足 $U_C > U_B > U_E$，PNP 型管应该满足 $U_E > U_B > U_C$；Si 管 $U_{BES} = 0.6 \sim 0.7V$，Ge 管 $U_{BES} = 0.2 \sim 0.3V$。**

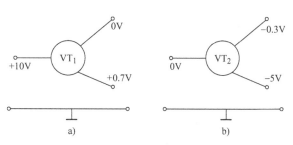

图3-7　例3-1 晶体管电极电压关系图

【答案】① 图3-7a 中 VT$_1$ 的 0.7V 与 0V 两个电极有 0.7V 的电压差，因此，VT$_1$ 为 Si 管，同时，VT$_1$ 工作在放大状态，可以判定三个极的电压排序为 10V > 0.7V > 0V，所以 VT$_1$ 为 NPN 型管，且 $U_B = 0.7V$，$U_E = 0V$，$U_C = 10V$。

② 图3-7b 中 VT$_2$ 的 -0.3V 与 0V 两个电极有 0.3V 的电压差，因此，VT$_2$ 为 Ge 管，同时，VT$_2$ 工作在放大状态，可以判定三个极的电压排序为 0V > -0.3V > -5V，所以 VT$_2$ 为 PNP 型管，且 $U_B = -0.3V$，$U_E = 0V$，$U_C = -5V$。

【例3-2】　某 Si 材料的 NPN 型晶体管构成的典型应用电路如图3-8所示，请简单分析该电路的功能，并画出输出波形。假设 VT$_1$ 的电流放大倍数为50。

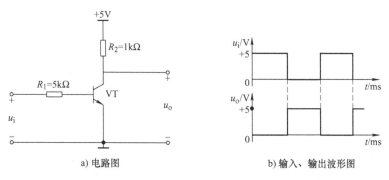

a) 电路图　　　　　b) 输入、输出波形图

图3-8　例3-2 晶体管典型应用图与输入输出波形

【解题理论支撑】晶体管工作在饱和区：发射结、集电结正偏；截止区：发射结、集电结反偏或者零偏；放大区：发射结正偏、集电结反偏。在图3-6b 所示输出曲线中，在饱和和放大临界点有一条实线，晶体管如果工作在这条实线上，就是临界饱和状态，在该状态下，$U_{CE} = U_{BE} = 0.7V$（Si 管），此时临界饱和电流 $I_{CS} \approx U_{CC}/R_c$。如果工作在饱和状态，$I_C > I_{CS}$，如果工作在放大状态，$I_C < I_{CS}$。

【**答案**】图 3-8 中 u_i 为 0V 时，晶体管 VT 的发射结零偏，VT 工作在截止状态，输出 $u_o = U_{CC} = 5V$；

u_i 为 +5V 时，晶体管 VT 的发射结正偏，假设 VT 工作在放大状态，此时：

基极电流 $I_B = \dfrac{5V - 0.7V}{R_1} \approx 1mA$

集电极电流 $I_C = \beta I_B = 50mA$

临界饱和电流 $I_{CS} \approx \dfrac{5V}{R_2} = 5mA$

$I_C > I_{CS}$，晶体管 VT 工作在饱和状态，输出 $u_o = 5V - 0.3V \approx 5V$。

输出波形如图 3-8b 所示，从输入输出关系知，该电路是一个典型的反相电子开关电路，在数字电路中称之为反相器，或非门。

四、晶体管的主要参数

（1）电流放大系数 β　晶体管的 β 值前面做了详细描述，这里需要强调的是，不同型号晶体管的 β 是不同的，同型号同批次晶体管的 β 也是不同的。在选择晶体管时，β 太小，电流放大能力弱，β 太大，晶体管工作稳定性差。

（2）集电极–基极间反向饱和电流 I_{CBO}　发射极开路、集电结在反偏时形成反向饱和电流，它是少数载流子的漂移运动形成的电流，所以它比较小，且受温度影响较大。常温下，小功率 Si 管的 $I_{CBO} < 1\mu A$，Ge 管的 I_{CBO} 为 $10\mu A$ 左右。一般 I_{CBO} 越小，说明晶体管的热稳定性越好，因此在温度变化范围较大的工作环境下，建议选择 Si 管。

（3）集电极–发射极间反向饱和电流 I_{CEO}　是指基极开路，集电极–发射极间加上一定反向电压时，流过集电极和发射极之间的电流，$I_{CEO} = (1 + \beta)I_{CBO}$。$I_{CEO}$ 受温度影响很大，温度升高，I_{CBO} 增大，I_{CEO} 随着增大。

（4）集电极最大允许电流 I_{CM}　指保证晶体管长时间正常工作时，集电极允许流过的最大电流。在使用过程中，I_C 超过一定数值，β 会下降，将 β 下降到正常值的 2/3 时对应的 I_C 记为 I_{CM}。

（5）集电极–发射极间击穿电压 $U_{(BR)CEO}$　指基极开路，集电极–发射极间的反向击穿电压。$U_{(BR)CEO}$ 通常与 I_{CEO} 直接相关联，当 U_{CE} 增加时，I_{CEO} 会明显增加，晶体管集电结容易出现击穿。

（6）集电极最大允许耗散功率 P_{CM}　表示集电结上允许损耗的功率最大值。超过该值，晶体管就会变坏或者烧毁。P_{CM} 的值通常与环境温度、散热装置等有关，而晶体管的数据手册中的 P_{CM} 一般是在常温 25℃ 下测得的，对于大功率管则是在增加规定尺寸的散热器的情况下测得的。因为用 $P_{CM} = I_C U_{CE}$ 表示，因此可以在输出特性曲线上标注出 P_{CM} 曲线，如图 3-9 所示。

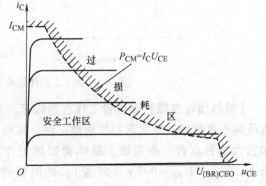

图 3-9　晶体管极限损耗线

通过查找数据手册可以得到部分常见晶体管的参数，见表3-1。

表 3-1　部分常见晶体管的参数

型　号	P_{CM}/mW	I_{CM}/mA	$U_{CEO(BR)}$/V	β	f_T/MHz	类　型
3DG6C	100	20	45	20 ~ 200	≥250	硅、NPN
3CG14	100	−500	35	20 ~ 200	≥200	硅、PNP
3DG12B	700	300	45	20 ~ 200	≥200	硅、NPN
3CG21C	300	−500	40	20 ~ 200	≥100	硅、PNP
3DD15B	50000	5000	100	20 ~ 200		硅、NPN
9011	625	500	20 ~ 40	20 ~ 200	150	硅、NPN
9012	625	−500	20 ~ 40	20 ~ 200	150	硅、PNP
9013	625	500	20 ~ 40	20 ~ 200	150	硅、NPN
9014	625	500	20 ~ 40	20 ~ 200	150	硅、NPN
9015	625	500	20 ~ 40	20 ~ 200	150	硅、NPN
9016	625	500	20 ~ 40	20 ~ 200	150	硅、NPN
9018	625	500	20 ~ 40	20 ~ 200	150	硅、NPN
8050	1000	1500	25 ~ 40	20 ~ 200	150	硅、NPN
8550	1000	1500	25 ~ 40	20 ~ 200	150	硅、PNP
BD243C	65000	6000	100			硅、NPN

【任务实施】　晶体管的识别与检测

晶体管在装上电路板之前，需要对其进行识别与检测，确定型号、规格、性能是否符合电路的需求，通常可以使用万用表对晶体管的性能进行判定。

1. 实训目的

1）学会从外形识别晶体管。

2）能通过网络查找学习资料并判断晶体管的型号和极性。

3）能使用万用表检测晶体管的极性和电流放大倍数。

4）增强专业意识，培养良好的职业道德和职业习惯。

2. 实训设备和器件

1）数字万用表（UT51）1块。

2）9013型、3DG6型、8050型、8550型晶体管各1个。

3. 实训内容与步骤

（1）判定晶体管的型号和参数　查阅资料并判定晶体管的型号和参数，完成表3-2。

表 3-2　晶体管的型号和参数

	9013	3DG6	8050	8550
材质				
NPN/PNP				
引脚与3个极的关系示意图				
电流放大倍数（手册）				

（2）晶体管电流放大倍数测试

1）测量方法。数字万用表具有一个"hFE"档位，可以用来测量类型确定的晶体管的电流放大倍数。测量时，将基极、发射极和集电极分别插入面板上相应的插孔，显示器上将显示"hFE"的近似值。

2）使用数字万用表检测晶体管的电流放大倍数，将测量结果记录到表3-3中。

表3-3　晶体管电流放大倍数测试

	9013	3DG6	8050	8550
电流放大倍数（测量）				
质量好坏判断				

4. 注意事项

1）测量时，手不要碰到器件的引脚，以免人体电阻的介入影响测量的准确性。

2）在实训过程中，常用手直接接触器件，请轻拿轻放。

5. 实训报告与实训思考

1）如实记录数据，完成实训报告书。

2）使用机械式万用表来检测晶体管时应该选择什么档位，表笔该如何连接？

3）使用万用表检测同型号的晶体管的电流放大倍数，是否有差异？为什么？

【拓展知识】　场效应晶体管的识别与典型放大电路识别

1. 场效应晶体管的概念、特点、作用

场效应晶体管（Field Effect Transistor，FET）也叫单极型器件，是一种电压控制器件，有三个极：栅极G、漏极D、源极S，它通过改变电场强度来控制半导体材料的导电能力。它具有输入电阻高（一般可以达到几百兆欧）、噪声小、极小的D-S间导通电阻、功耗低、动态范围大、易于集成及热稳定性好等优点，现已成为晶体管的强大竞争者。

它主要用于以下场合：

1）可用于放大：由于场效应晶体管具有高输入阻抗，因此在多级放大电路的耦合中可以选用小电容，不必使用大体积和大容量的电解电容。

2）可用于电子开关和功率电路：由于$R_{DS(ON)}$很小，可以小至$10^{-2}\Omega$，电流一定时，所需要的管压降U_{DS}很小，一般可用于电子开关和大功率驱动电路中。

3）可用于阻抗变换：场效应晶体管具有高输入阻抗，非常适合多级放大电路中的输入级，实现阻抗变换。

4）可做恒流源：场效应晶体管是电压控制器件，因此在线性区，输入电压一定时，输出电流I_D几乎维持不变，可以做恒流源。

2. 场效应晶体管的种类与符号

场效应晶体管按照结构不同可以分为结型（JFET）和绝缘栅型（MOS）两大类，它们各分N沟道和P沟道两种；按照导电方式不同又可以分为耗尽型与增强型，结型场效应晶体管都为耗尽型，绝缘栅型场效应晶体管既有耗尽型，又有增强型。场效应晶体管的类型与电路符号见表3-4。

表 3-4 场效应晶体管的种类与电路符号

	N沟道结构 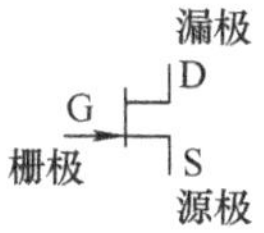	P沟道结构 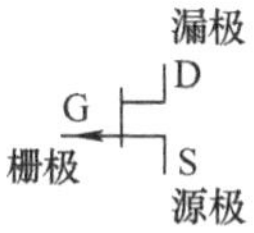
结型场效应晶体管	漏极 G—D 栅极—S 源极	漏极 G—D 栅极—S 源极
MOS 场效应晶体管	N沟道耗尽型 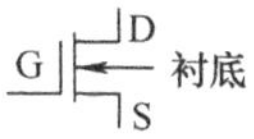 G—D 衬底 S	P沟道耗尽型 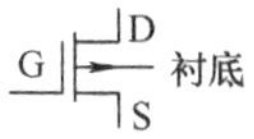 G—D 衬底 S
	N沟道增强型 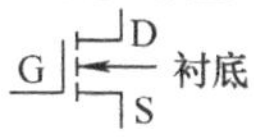 G—D 衬底 S	P沟道增强型 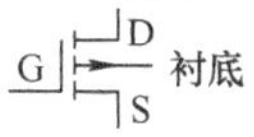 G—D 衬底 S

3. 场效应晶体管与晶体管的类比

从外形看，场效应晶体管与晶体管几乎一样，同样具有三个电极，但在原理、功能等方面还是存在较大差异，具体异同见表 3-5。

表 3-5 场效应晶体管与晶体管类比

	场效应晶体管	晶体管
符号与三个极的类比	P沟道：G—D/S g—d/s 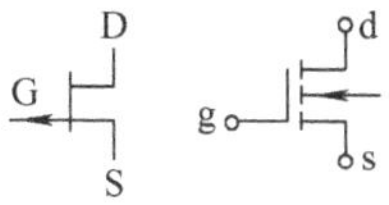	NPN：b—c/e 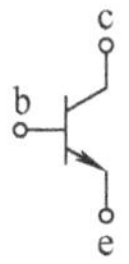
	N沟道：G—D/S g—d/s 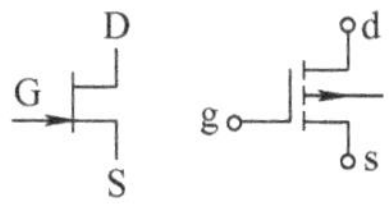	PNP：b—c/e 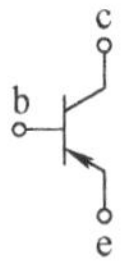
控制原理比较	电压控制器件：$G-S$ 电压 U_{GS} 控制 D 极输出 I_D	电流控制器件：基极电流 I_B 控制集电极输出电流 I_C
内部工作原理比较	只有多数载流子导电	多数载流子和少数载流子导电
使用场合	主要用于电子开关等数字电路，以及大型功率电路等	主要用于简单放大电路
可集成能力	制造工艺更简单，便于集成，大规模集成电路一般使用场效应晶体管集成制作	制造工艺相对复杂，早期的集成电路和小规模集成电路使用晶体管集成制作

4. 场效应晶体管典型放大电路

场效应晶体管放大电路是电压控制器件，为了保证它能正常工作，需要给它的栅极（G）提供合适的直流电压，而最常用的偏置方式是分压式自偏压电路。采用分压式自偏压的场效应晶体管放大电路有共源极、共漏极及共栅极三种类型，其中共栅极接法使用比较少。图 3-10 列举了 N 沟道耗尽型 FET 的前两种典型应用电路。图中漏极电源 U_{DD} 经分压电

阻 R_{g1} 和 R_{g2} 分压后，通过电阻 R_{g3} 供给栅极电压 U_G。关于场效应晶体管放大电路的静态和动态分析请读者阅读其他资料，这里不详细介绍。

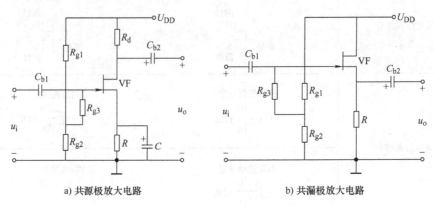

a) 共源极放大电路　　　　　　　　b) 共漏极放大电路

图 3-10　分压式自偏压的场效应晶体管放大电路

任务二　基本放大电路的制作与调试

【任务导入】

晶体管基本放大电路中的晶体管通常工作在线性放大状态，它和电路中的其他器件构成各种用途的放大电路。基本放大电路是构成复杂放大电路和集成运放电路的基本单元。根据电路结构不同，晶体管放大电路一般包括共发射极、共集电极、共基极三种组态，本任务将重点介绍三种基本放大电路。

【任务分析】

本任务主要学习放大电路的基本概念，对共发射极、共集电极、共基极放大电路的工作原理、电压放大作用、定量分析等进行重点学习，要求能根据实际需求选择合适的放大电路，并要求能使用仪器仪表对晶体管基本放大电路进行检测与调试。

【知识链接】

一、放大电路基本概念

1. 放大的概念与本质

放大电路在实际应用中十分广泛，从日常使用的手机、音响，到复杂的自动化控制系统等领域，都有各种各样的放大电路。就简单的语音扩音器为例，其最简单的结构框图如图 3-11 所示。传声器（传感器）将语音转换成微弱的电信号，经放大电路进行放大后，驱动扬

图 3-11　扩音器结构图

声器（执行器）发出比原来大得多的声音，其中放大一般包括电压放大和电流放大两个过程。

扬声器获得的能量远大于传声器输出的能量，那么扬声器的能量是从哪里获得的呢？实际上，放大器不能产生能量，它只是按照传声器输出信号的变化规律，将直流电压源 U_{CC} 的能量转换成扬声器所需要的能量，所以**放大的本质就是能量的搬移**。同时，为了保证扬声器得到的声音不发生畸变，**放大的基本要求是不失真**。

由以上阐述知，放大电路正常工作时，电路中既有直流信号，也有交流信号，为了方便表述，对电路中的信号表述符号做如下规定：

大写字母 + 大写字母下标，表示直流分量，如 U_B、I_B 等。

大写字母 + 小写字母下标，表示交流有效量，如 U_b、I_b 等。

小写字母 + 大写字母下标，表示瞬时值总量，如 u_B、i_B 等。

大写字母 + 小写字母下标，表示交流分量，如 u_b、i_b 等。

它们之间的关系是：$u_B = U_B + u_b$，$i_B = I_B + i_b$。

2. 放大电路的组成原理

放大电路一般由三大部分构成，其组成框图如图 3-12 所示。第一部分是具有放大作用的半导体器件，可以是晶体管、场效应晶体管及集成电路等，它是整个放大电路的核心器件。第二部分是偏置电路，为放大器件提供合适的偏置电压，保证放大器件工作在线性放大状态。第三部分是耦合电路，将输入信号连接到放大器件的输入端，将输出负载连接到放大器件的输出端。

对于偏置电路，分立元器件放大电路中常用的偏置方式有分压偏置和自偏置电路；集成电路中广泛采用电流源偏置电路。

对于耦合方式，常见的有直接耦合和间接耦合。其中，间接耦合又包括阻容耦合和变压器耦合两种方式，这种耦合方式

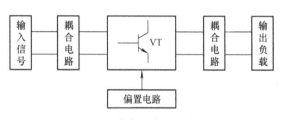

图 3-12　放大电路的组成框图

可以有效隔绝直流的相互影响，可以使电路前后相互独立，因此常用于分立元器件放大电路中；直接耦合是指前后电路直接连接，容易相互影响。由于电容和变压器不具备集成能力，所以集成电路中主要使用直接耦合。

3. 放大电路的主要技术指标

为了便于理解放大电路的性能指标，我们将放大电路看成二端口网络，它的等效模型如图 3-13 所示。图中 $\dot{U}_s$、R_s 是信号源电压和内阻，$\dot{U}_i$、$\dot{I}_i$ 是输入电压和电流，R_i、R_o、R_L 是输入、输出等效电阻和负载电阻，$\dot{U}'_o$ 是开路输出电压，$\dot{I}_o$、$\dot{U}_o$ 是有载输出电流和电压。

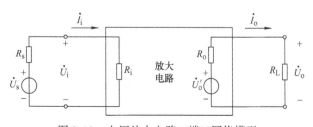

图 3-13　电压放大电路二端口网络模型

（1）输入电阻、输出电阻 输入电阻 R_i 是从放大器输入端视入的等效电阻，它定义为输入电压 $\dot{U}_i$ 和输入电流 $\dot{I}_i$ 的比值，即

$$R_i = \frac{\dot{U}_i}{\dot{I}_i} \qquad (3-1)$$

由图3-13知，输入电阻 R_i 与信号源构成简单串联分压关系，因此 R_i 越大，放大电路从信号源（前级电路输出）获取信号的幅度越高，反之越低，所以输入电阻 R_i 反映了放大电路从信号源（前级电路输出）获取信号幅度的能力。

输出电阻 R_o 的大小决定放大电路带负载的能力。由图3-13知，R_o 越小，负载 R_L 的变化对输出电压的影响就越小。对于图3-13，就是在信号源短路（$\dot{U}_s = 0$，保留 R_s）和负载开路（$R_L = \infty$）的条件下，从输出端的视入等效电阻，即

$$R_o = \frac{\dot{U}_o}{\dot{I}_o} \Bigg|_{\substack{R_L = \infty \\ \dot{U}_s = 0}} \qquad (3-2)$$

（2）放大倍数 放大倍数也称为增益，它表示输出信号和输入信号的变化量之比，用来衡量放大器的放大能力，一般包括电压放大倍数、电流放大倍数、功率放大倍数，定义式分别如下：

电压放大倍数为

$$\dot{A}_u = \frac{\dot{U}_o}{\dot{U}_i} \qquad (3-3)$$

电流放大倍数为

$$\dot{A}_i = \frac{\dot{I}_o}{\dot{I}_i} \qquad (3-4)$$

功率放大倍数为

$$A_p = \frac{P_o}{P_i} \qquad (3-5)$$

二、共发射极放大电路

1. 基本电路组成

共发射极放大电路如图3-14所示。图中 u_i 是输入交流信号，u_o 是输出信号，U_{CC} 是直流稳压电压源，R_L 是负载等效电阻（可以是纯电阻，也可以是其他用电设备），电路中各元器件的作用如下：

（1）晶体管 VT 是整个放大电路的核心，用来实现电流的放大。

（2）集电极电源 U_{CC} 一是为放大电路提供电源（能量）；二是和电阻 R_b 一起保证发射结正偏，和电阻 R_c 一起保证集电结反偏，使晶体管工作在放大状态，集电极电压一般在几伏到几十伏之间。

（3）集电极负载电阻 R_c 将集电极电流的变化转换成集电极电压的变化，实现电压的

放大，为了保证集电结反偏，R_c 一般选择几千欧姆到几十千欧姆。

（4）基极偏置电阻 R_b　为基极提供合适的基极电流，保证发射结正偏，R_b 一般选择几十千欧姆到几百千欧姆。

（5）耦合电容 C_1 和 C_2　起到隔断直流、通交流的作用，简称隔直通交。理论上，对于交流信号而言，C_1 和 C_2 相当于短路，对于直流信号而言，C_1 和 C_2 相当于开路。

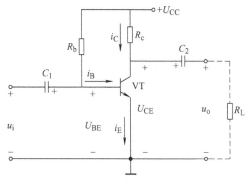

图 3-14　共发射极放大电路

2. 放大电路的直流通路和交流通路

放大电路正常工作时，电路中各处的电压和电流是直流电源和交流信号同时作用产生的结果。为了便于分析，在分析放大电路时，通常将放大电路的工作情况分为静态和动态两种状况。

（1）静态和直流通路
静态是指放大电路没有交流输入（$u_i = 0$）、只有直流电源作用的工作状态，此时对应的电路就是直流通路。由于电容器隔断直流的作用，静态时电容器等效为开路，得到图 3-14 对应的直流通路如图 3-15a 所示。

（2）动态和交流通路

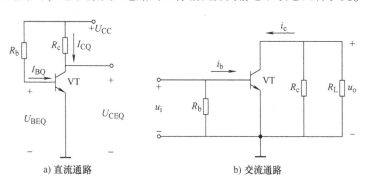

a) 直流通路　　　　　　　　b) 交流通路

图 3-15　放大电路的直流通路和交流通路

动态是指放大电路有交流输入（$u_i \neq 0$）的工作状态。动态时，放大电路在 u_i 和 U_{CC} 共同作用下工作，此时，电路中各极和各极间电压和电流都是在静态的基础上叠加一个交流分量。便于分析，此时电路不考虑直流电源，只考虑交流信号，电容器可以看成短路，U_{CC} 内阻很小，也可以视成对地短路，这样就得到了图 3-14 对应的交流通路如图 3-15b 所示。

3. 共发射极基本放大电路的静态分析

保持电路中的电阻不变，也不考虑温度因素的影响，当对放大电路工作进行静态分析时，$u_i = 0$，此时电路中的基极电流、集电极、发射极电流、基极-发射极电压、集电极-发射极电压均为恒定值，将在图 3-6 所示的输入、输出曲线中确定一个坐标点，该点被称为**静态工作点（简称 Q 点）**。Q 点对应的基极电流、集电极电流、发射极电流、基极-发射极电压、集电极-发射极电压分被用 I_{BQ}、I_{CQ}、I_{EQ}、U_{BEQ}、U_{CEQ} 表示。

（1）估算法　采用估算法求取静态工作点一般需要经过以下几个步骤：

1）画直流通路。图 3-14 对应的直流通路如图 3-15a 所示。

2）在直流通路中标注出参数和参考方向，如图 3-15a 中所示进行标注。

3）估算 I_{BQ}。由 U_{CC}、R_b 和晶体管 VT 发射结构成的回路可得：

$$I_{BQ} = \frac{U_{CC} - U_{BEQ}}{R_b} \tag{3-6}$$

由于发射结正偏，发射结饱和压降为 0.6 ~ 0.7V（Si 管）或者 0.2 ~ 0.3V（Ge 管），相

对于 U_{CC} 可以忽略，因此可以估算为

$$I_{BQ} \approx \frac{U_{CC}}{R_b} \tag{3-7}$$

4）估算 I_{CQ} 和 I_{EQ}　根据晶体管三个极之间的电流关系，可以求得

$$I_{CQ} = \bar{\beta} I_{BQ} \approx \beta I_{BQ} \tag{3-8}$$

$$I_{EQ} = I_{BQ} + I_{CQ} = (1 + \beta) I_{BQ} \approx I_{CQ} \tag{3-9}$$

5）估算 U_{CEQ}。由 U_{CC}、R_c 和晶体管 VT 集电极–发射极构成的回路可得

$$U_{CEQ} = U_{CC} - I_{CQ} R_c \tag{3-10}$$

（2）图解法　所谓的图解法，就是利用晶体管的特性曲线，通过作图来分析放大电路性能的方法。在图 3-15a 中直流通路中，U_{CC}、R_c、U_{CE} 构成串联电路，由 KVL 可以列出方程：

$$i_C = \frac{U_{CC} - U_{CE}}{R_c} \tag{3-11}$$

显然 I_c 与 U_{CE} 成线性关系，可以在晶体管输出特性曲线中作出直线，该直线称为放大电路的直流负载线。

令 $I_C = 0$，得 $U_{CE} = U_{CC}$，可得直线相交横轴（u_{CE}）于点（U_{CC}，0）；

令 $U_{CE} = 0$，得 $I_C = U_{CC}/R_c$，可得直线相交纵轴（i_C）于点（0，U_{CC}/R_c）；

于是，在晶体管的输出特性曲线中画出经过点（U_{CC}，0）和点（0，U_{CC}/R_c）的直线，如图 3-16 所示，显然，这是一条斜率为 $-1/R_c$ 的直线。

假设 3-14 中的 $R_b = 300\text{k}\Omega$，$R_c = 4\text{k}\Omega$，$U_{CC} = 12\text{V}$，可以求得 $I_{BQ} \approx U_{CC}/R_b = 40\mu\text{A}$，因此直流负载线与晶体管输出特性曲线相交于点（$I_{BQ} = 40\mu\text{A}$，$I_{CQ} = 2\text{mA}$，$U_{CEQ} = 4\text{V}$），即为静态工作点（$Q$ 点）。

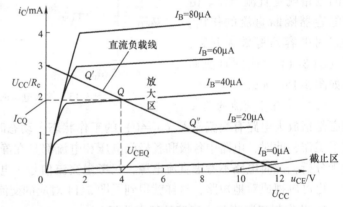

图 3-16　图解法

【例 3-3】　在图 3-14 所示电路中，已知晶体管 $\beta = 50$，$R_b = 300\text{k}\Omega$，$R_c = 4\text{k}\Omega$，$U_{CC} = 12\text{V}$，$U_{BEQ} = 0.7\text{V}$，请估算电路的静态工作点（I_{BQ}，I_{CQ}，U_{CEQ}）。

解：根据已知条件，估算静态工作点可以分为以下四个步骤：

第 1 步：画直流通路，并标注参数及参考方向，如图 3-15a 所示。

第 2 步，根据式(3-7) 计算 I_{BQ}

$$I_{BQ} \approx \frac{U_{CC}}{R_b} = \frac{12\text{V}}{300\text{k}\Omega} = 40\mu\text{A}$$

第 3 步，利用晶体管极间电流关系，可得到：

$$I_{CQ} = \beta I_{BQ} = 50 \times 40\mu\text{A} = 2\text{mA}$$

第 4 步，根据式(3-10) 计算 U_{CEQ}

$$U_{CEQ} = U_{CC} - I_{CQ} R_c = 12\text{V} - 2\text{mA} \times 4\text{k}\Omega = 4\text{V}$$

4. 共发射极基本放大电路的动态分析

动态分析必须根据放大电路的交流通路进行，目的是确定放大电路的电压放大倍数、输入电阻及输出电阻等。动态分析一般有两种方法：图解法和微变等效电路法。

（1）图解法

1）交流负载线。在放大电路中输出端总要接上一定的负载，由于在交流信号下工作，负载 R_L 将对放大电路的工作情况造成影响。从图 3-15b 所示交流通路知，在交流输入信号作用下，放大电路的负载便变成了 R_c 与 R_L 的并联，即

$$R'_L = R_L /\!/ R_c = \frac{R_L R_c}{R_L + R_c} \tag{3-12}$$

类比直流负载线的斜率 $-1/R_c$ （kΩ），交流输入情况下，负载线的斜率应该为 $-1/R_L(\text{k}\Omega)$；另外输入信号在变化过程中总要经过零点，通过零点时，$u_i = 0$，此时应该与静态工作点重复，所以交流输入情况下的负载线一定过 Q 点。因此，可以过 Q 点作一条斜率为 $-1/R'_L(\text{k}\Omega)$ 的直线，即为交流负载线，如图 3-17 所示。

显然，当 u_i 变化时，将引起 i_B 发生变化，进而引起 i_C 和 u_{CE} 沿交流负载线上下移动，所以交流负载线就是放大电路动态工作点移动的轨迹。

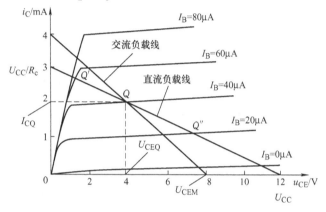

图 3-17　交流负载线

2）图解法分析放大电路的动态工作情况。假设图 3-15 中负载电阻 $R_L = 4\text{k}\Omega$，其余参数同例 3-3，输入信号 $u_i = 0.02\sin\omega t \text{V}$。

① 在输入特性曲线上分析 i_B。

当上述 u_i 加到放大电路的输入端后，晶体管的基极和发射极之间的电压 $u_{BE} = U_{BEQ} + u_i$，如图 3-18 中的曲线①所示。对于硅管，U_{BEQ} 约为 0.7V，因此在根据晶体管的输入特性曲线知，i_B 将跟随 u_{BE} 变化，得到了 i_B 的曲线，如图中的曲线②所示。由曲线可以读出，在峰值为 0.02V 的 u_i 下，基极电流 i_B 将在 60μA 和 20μA 之间变动，且 $i_B = i_b + I_{BQ}$。

② 在输出特性曲线上分析 i_C、u_{CE}、u_o。当 i_B 将在 60μA 和 20μA 之间变动时，交流负载线与输出特性的交点也会随之变化，对应当 i_B 将在 60μA 的一条输出特性曲线与交流负载线交于 Q' 点，对应当 i_B 将在 20μA 的一条输出特性曲线与交流负载线交于 Q'' 点，所以放大电路将在负载线上的 $Q'Q''$ 段上工作，这称之为**动态工作范围**。

由输出特性曲线知，当 i_B 将在 60μA 和 20μA 之间变动时，集电极电流 i_C 以 Q 点集电极电流 I_{CQ} 为中心，在 3mA（Q' 点）和 1mA（Q'' 点）之间成正弦变化，得到 i_C 曲线如图中曲线③所示，且 $i_C = I_{CQ} + i_c = \beta(i_b + I_{BQ})$。同理，$u_{CE}$ 以 Q 点 U_{CEQ} 电压为中心，在 2V（Q' 点）和 8V（Q'' 点）之间成正弦变化，变化方向与 u_i 相反，即反相，得到 u_{CE} 曲线如图中曲线④所示，且 $u_{CE} = U_{CEQ} + u_{ce}$。

交直流混合的信号 u_{CE} 经过耦合电容后，得到了负载 R_L 上的电压 u_o 将被滤除直流分量，保留了交流分量，即 $u_o = u_{ce}$，与 u_i 反相。

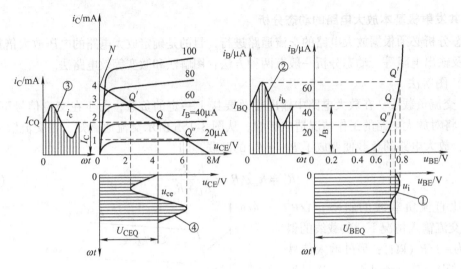

图 3-18　图解法分析放大电路的动态工作情况

3）静态工作点对输出波形的影响。如果静态工作点设置得不合适，将引起输出信号的失真。如果静态工作点太低，在输入特性上，信号的负半周将使得加在晶体管发射结的电压低于死区电压，使得 i_B 负半周被"削"去一部分，引起失真，经放大后，i_C 和 u_{CE} 的波形也会发生类似的失真，由于 u_{CE} 的反相特性，u_{CE} 被"削"去是正半周的一部分，这种失真是发射结进入截止状态所致，故称为**截止失真**，波形如图 3-19a 所示。

如果静态工作点太高，此时 i_B 将不会失真，但是由于 i_B 和 i_C 的增加，正半周电流过大，可能会使得 u_{CE} 过小，将导致 $i_C = \beta (i_b + I_{BQ})$ 不再成立，引起 i_C 正半周失真，继而使得 u_{CE} 负半周失真，这种失真是集电结进入正偏状态所致，故称为**饱和失真**，波形如图 3-19b 所示。对于共发射极放大电路，显然输出电压 u_o 具有 u_{CE} 一致的失真规律。

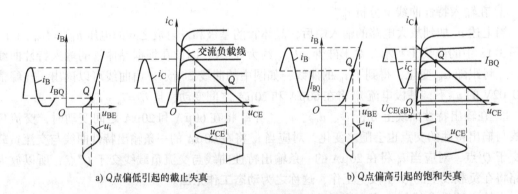

a) Q点偏低引起的截止失真　　　　　　　　　b) Q点偏高引起的饱和失真

图 3-19　静态工作点选择不当引起的失真

需要注意的是，由于共发射放大电路的输入输出反相，图 3-19 中所示的失真仅仅针对共发射放大电路，如果对于共基极和共集电极放大电路，它们的输入输出同相，因此，它们在截止失真时，输出波形截去的是负半周，它们在饱和失真时，输出波形截去的是正半周。

（2）微变等效电路分析法　　上述图解法过程比较复杂，且每一个晶体管的输入、输出特性曲线的确定需要借助专门的仪器，在实际应用中非常不便。如果输入信号变化范围小，

则动态范围将在 Q 附近成线性规律，因此可以用一个线性的受控电流源模型来替代晶体管，这种方法称为微变等效电路法。

1）晶体管的微变等效模型。晶体管微变等效电路如图 3-20 所示。需要注意的是：该简化模型一般适合分析低频放大电路，对于高频放大电路并不适合，同时微变等效电路只能分析交流变化量，不能用于静态工作点的分析。

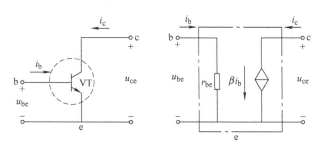

图 3-20 晶体管微变等效电路

晶体管的输入端可以用输入电阻 r_{be} 来等效替代，一般可以用下式进行估算：

$$r_{be} = 300\Omega + (1+\beta)\frac{26\text{mV}}{I_{EQ}} = 300\Omega + \frac{26\text{mV}}{I_{BQ}} \tag{3-13}$$

应注意的是，式（3-13）适用的范围为 $0.1\text{mA} < I_E < 5\text{mA}$，实验表明，超过此范围，将带来较大误差。

2）基本共发射极放大电路微变等效电路分析。利用微变等效电路分析放大电路一般需要经过以下步骤：

① 求静态工作点。详情见估算法求静态工作点。

② 画交流通路。详情如图 3-15b 所示。

③ 用微变等效电路替换晶体管，把交流通路改成如图 3-21 所示的基本共发射极放大电路微变等效电路。

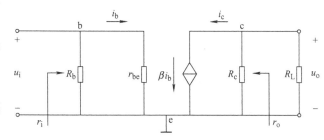

图 3-21 基本共发射极放大电路微变等效电路

④ 求输入电阻 r_i。根据输入电阻的定义知

$$r_i = \frac{u_i}{i_i} = R_b /\!/ r_{be} \tag{3-14}$$

由于 R_b 一般为远远大于 r_{be}，因此输入电阻可以用下式进行估算：

$$r_i \approx r_{be} \tag{3-15}$$

⑤ 求输出电阻 r_o。根据输出电阻的定义，置 $u_i = 0$ 可得，图 3-21 中的 $i_b = 0$ 和 $i_c = 0$，同时输出空载，所以

$$r_o = R_c \tag{3-16}$$

⑥ 求电压放大倍数 A_u。根据电压放大倍数的定义有

$$A_u = \frac{u_o}{u_i}$$

其中，r_{be} 与 R_b 并联，所以

$$u_i = i_b r_{be}$$

R_c 与 R_L 并联，显然输出电流全部流过 R_c 与 R_L 并联的分支，所以输出电流的大小与 i_c 相同，方向相反，可以得到

$$u_o = -i_c(R_c /\!/ R_L) = -i_c R'_L = -\beta i_b R'_L$$

所以有

$$A_u = \frac{u_o}{u_i} = -\frac{\beta i_b R'_L}{i_b r_{be}} = -\frac{\beta R'_L}{r_{be}} \tag{3-17}$$

式（3-17）中的负号表示输出电压信号与输入电压信号**反相**。

综上所述，共发射极放大电路的特点是：**具有电压和电流放大能力，输出电压与输入电压反相，输入电阻输出电阻中等**。共发射极放大电路主要用于多级放大电路的中间级。

【例 3-4】 在图 3-14 所示电路中，已知晶体管 $\beta = 50$，$R_b = 300\text{k}\Omega$，$R_c = 4\text{k}\Omega$，$R_L = 4\text{k}\Omega$，$U_{CC} = 12\text{V}$，$U_{BEQ} = 0.7\text{V}$，求电压放大倍数 A_u、输入电阻 r_i 及输出电阻 r_o。

解： 第 1 步：参考例 3-3，可求得 $I_{EQ} \approx I_{CQ} = 2\text{mA}$，根据式（3-13）可得

$$r_{be} = 300\Omega + (1+\beta)\frac{26\text{mV}}{I_{EQ}} = 300\Omega + (1+\beta)\frac{26\text{mV}}{2\text{mA}} = 0.963\text{k}\Omega$$

第 2 步，根据式（3-17）可以计算得到电压放大倍数，即

$$A_u = -\frac{\beta R'_L}{r_{be}} = -\frac{50 \times 2\text{k}\Omega}{0.963\text{k}\Omega} = -104$$

第 3 步，根据式（3-15）可以计算得到输入电阻，即

$$r_i \approx r_{be} = 0.963\text{k}\Omega$$

第 4 步，根据式（3-16）可以计算得到输出电阻，即

$$r_o = R_c = 4\text{k}\Omega$$

三、基本共集电极和共基极放大电路

1. 共集电极放大电路

（1）电路组成　共集电极放大电路的基本电路如图 3-22a 所示，直流通路如图 3-22b 所示，交流通路如图 3-22c 所示。由交流通路可见，晶体管的输入信号在基极和集电极之间输入，输出信号在发射极和集电极之间输出，集电极被输入回路及输出回路共用，所以该电路被称之为共集电极放大电路。由于信号从发射极输出，所以该电路又称为射极输出器。下面进行静态和动态分析。

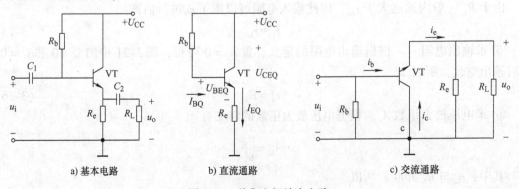

a) 基本电路　　　　b) 直流通路　　　　c) 交流通路

图 3-22　共集电极放大电路

（2）静态分析　由图 3-22b 所示的 U_{CC}、R_b 和晶体管 VT 发射结构成的回路可得

$$U_{CC} = I_{BQ}R_b + U_{BEQ} + U_{EQ} = I_{BQ}R_b + U_{BEQ} + (1+\beta)I_{BQ}R_e$$

所以

$$I_{BQ} = \frac{U_{CC} - U_{BEQ}}{R_b + (1+\beta)R_e}$$

上式中，一般有 $U_{CC} > U_{BEQ}$，所以有

$$I_{BQ} \approx \frac{U_{CC}}{R_b + (1+\beta)R_e} \tag{3-18}$$

根据晶体管电流放大特性可得

$$I_{EQ} \approx I_{CQ} = \beta I_{BQ} \tag{3-19}$$

由 U_{CC}、R_c、R_e 及晶体管 VT 集电极-发射极构成的回路可得

$$U_{CEQ} = U_{CC} - I_{EQ}R_e \tag{3-20}$$

（3）动态分析　共集电极放大电路的微变等效电路如图 3-23 所示。图中 $R'_L = R_e /\!/ R_L$。

1）电压放大倍数 A_u。根据微变电路可知，R'_L 与受控源并联后与 r_{be} 串联，整体再与 R_b 并联，因此

$$u_i = r_{be}i_b + R'_L i_e = i_b r_{be} + (1+\beta)i_b R'_L$$

由于发射极电流 i_e 全部流过负载，可得

$$u_o = R'_L i_e = (1+\beta)i_b R'_L$$

所以

$$A_u = \frac{(1+\beta)R'_L}{r_{be} + (1+\beta)R'_L} \tag{3-21}$$

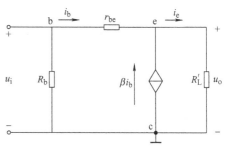

图 3-23　共集电极放大电路的微变等效电路

一般有 $(1+\beta)R'_L \gg r_{be}$，可得式(3-21) 约等于 1。

由于射极输出器的电压放大倍数近似为 1，且输入电压与输出电压同相，因此射极输出器也叫**电压跟随器**。

2）输入电阻。根据输入电阻的定义可得

$$r_i = R_b /\!/ \frac{u_i}{i_b} = R_b /\!/ \frac{r_{be}i_b + (1+\beta)i_b R'_L}{i_b} = R_b /\!/ [r_{be} + (1+\beta)R'_L]$$

由于 $\beta \gg 1$，且 $(1+\beta)R'_L \gg r_{be}$，可得

$$r_i \approx R_b /\!/ \beta R'_L \tag{3-22}$$

由此可见，r_i 是一个大电阻，远远大于基本共发射极放大电路的输入电阻。

3）输出电阻。输出电阻的计算比较复杂，这里不做详细讨论，直接给出结论。

在不考虑信号源内阻的情况下，输出电阻为

$$r_o = R_e /\!/ \frac{r_{be}}{1+\beta} \tag{3-23}$$

一般 r_{be} 为几千欧姆，R_e 为几百到几千欧姆之间，所以 $R_e \gg \dfrac{r_{be}}{1+\beta}$，且 $\beta \gg 1$，可得

$$r_o \approx \frac{r_{be}}{\beta} \tag{3-24}$$

显然，共集电极放大电路的输出电阻 r_o 很小，一般在几十欧姆左右。

综上所述，共集电极放大电路（电压跟随器）的特点是：**电压增益近似为 1，输出电压**

与输入电压同相，输入电阻很高，输出电阻很小。另外，由交流通路可知，共集电极放大电路对电流具有放大作用。共集电极放大电路主要用于多级放大电路的输入级和输出级。

2. 共基极放大电路

（1）电路组成　共基极放大电路的基本电路如图 3-24a 所示，直流通路如图 3-24b 所示，交流通路如图 3-24c 所示。由交流通路可见，晶体管的输入信号在发射极和基极之间输入，输出信号在集电极和基极之间输出，基极被输入回路及输出回路共用，所以该电路被称之为共基极放大电路。下面进行静态和动态分析。

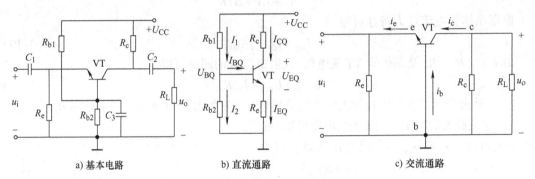

a) 基本电路　　　　b) 直流通路　　　　c) 交流通路

图 3-24　共基极放大电路

（2）静态分析　由图 3-24b 所示，如果忽略 I_{BQ} 对 R_{b1} 和 R_{b2} 分压电路的分流作用，则基极静态电压为

$$U_{BQ} = \frac{R_{b2}}{R_{b1} + R_{b2}} U_{CC} \tag{3-25}$$

由 U_{BQ}、R_e 和晶体管 VT 发射结构成的回路可得流经 R_e 的电流 I_{EQ} 为

$$I_{EQ} = \frac{U_{BQ} - U_{BEQ}}{R_e} \approx \frac{U_{BQ}}{R_e} \tag{3-26}$$

根据晶体管电流放大特性可得

$$I_{CQ} \approx I_{EQ} = \frac{U_{BQ}}{R_e} \tag{3-27}$$

$$I_{BQ} = \frac{I_{CQ}}{\beta} \approx \frac{U_{BQ}}{\beta R_e} \tag{3-28}$$

由 U_{CC}、R_c、R_e、晶体管 VT 集电极–发射极构成的回路可得

$$U_{CEQ} = U_{CC} - (R_c + R_e) I_{CQ} \tag{3-29}$$

（3）动态分析　共基极放大电路的微变等效电路如图 3-25 所示。图中 $R'_L = R_c /\!/ R_L$。

1）电压放大倍数 A_u。根据微变等效电路可知，R_b 支路、r_{be} 支路成并联关系，因此

$$u_i = -r_{be} i_b$$

由于集电极电流 i_c 全部流过负载，可得

$$u_o = -R'_L i_c = -\beta i_b R'_L$$

所以

$$A_u = \frac{\beta R'_L}{r_{be}} \tag{3-30}$$

式（3-30）表明，共基极放大电路具有电压放大作用，其放大倍数与共发射极放大电路的电压放大倍数在数值上相等，但是输入电压与输出电压同相。

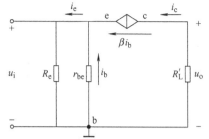

图 3-25　共基极放大电路的微变等效电路

2）输入电阻。输入电阻的计算比较复杂，这里不做详细讨论，直接给出结论。

$$r_i \approx r_{be}/\beta \qquad (3-31)$$

由此可见，r_i 是一个小电阻，远远小于基本共发射极放大电路的输入电阻。

3）输出电阻。根据输出电阻的定义，置 $u_i = 0$ 可得，图 3-25 中的 $i_b = 0$ 和 $i_c = 0$，同时输出空载，所以

$$r_o = R_c \qquad (3-32)$$

综上所述，共基极放大电路的特点是：**具有电压放大能力，输出电压与输入电压同相，输入电阻很小，输出电阻中等**。另外，由交流通路可知，共基极放大电路对电流几乎没有放大作用，所以又称为**电流跟随器**。共基极放大电路主要用于射频电路中。

【任务实施】　单晶体管共发射极放大电路的制作与调试

放大电路设计和制作好后，需要使用万用表、示波器、函数信号发生器等仪器对放大电路进行调试。

1. 实训目的

1）能使用万用表对共发射极放大电路静态工作点进行调试。

2）能使用示波器检测共发射极放大电路的 A_u、R_i、R_o。

3）增强专业意识，培养良好的职业道德和职业习惯。

2. 实训设备和器件

1）数字万用表、双踪数字示波器、函数信号发生器、性直流稳压电源各 1 台。

2）实训电路板 1 块。

3）导线若干。

3. 实训内容与步骤

（1）调试并测试静态工作点

1）实训电路如图 3-26 所示，对照实训电路，仔细检查实验板上实验电路的各个元器件是否缺损，参数是否正确，极性是否符合要求，如有问题请改正。

2）在实验板上按图接好 + 12V 电源，调节可调电位器 R_{Pb}，使得 $U_{CQ} \approx U_{CC}/2 = 6V$，置 $u_i = 0$，用数字万用表分别测量晶体管三个极的对地电压，并填入表 3-6 中相应的位置。

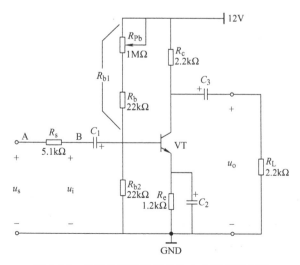

图 3-26　单晶体管共发射极放大电路实训电路

71

表 3-6　静态工作点（$U_{CQ} = 6V$）

测　量　值				计　算　值		
U_{BQ}/V	U_{CQ}/V	U_{EQ}/V	U_{CEQ}/V	U_{BEQ}/V	U_{CEQ}/V	I_{CQ}/mA

（2）测量电压放大倍数　测量方法：在放大电路输入端（B 点）u_i 加入频率 1kHz、电压峰–峰值 u_{ip-p} 为 30mV 的正弦信号，用示波器的 CH_1 通道观测输入信号 u_i，CH_2 通道观测输出信号 u_o，按照下面两种情况，分别观测输入电压 u_i、输出电压 u_o 的峰–峰值，填入表 3-7中。画出第一种情况下的输入输出的波形，并记录在图 3-27 中，要求详细标注最大值、最小值及周期等主要参数。

表 3-7　电压放大倍数测量

$R_C/k\Omega$	$R_L/k\Omega$	u_{imax}/mV	u_{imin}/mV	u_{ip-p}/mV	u_{omax}/V	u_{omin}/V	u_{op-p}/V	A_u
2.2	∞							
2.2	2.2							

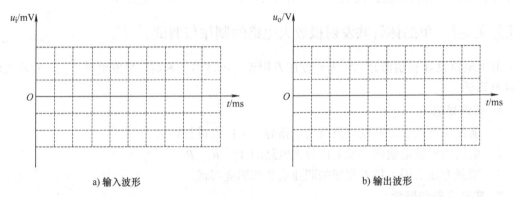

a) 输入波形　　　　　　　　　　　　　　　　　b) 输出波形

图 3-27　输入、输出波形图

（3）观察静态工作点对输出波形失真的影响

1）观察截顶失真。保持电位器 R_{Pb} 不变，调节 u_{ip-p} 为 1V，观察输出波形的截顶失真，把波形记录到图 3-28a 的坐标中。

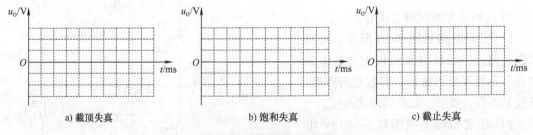

a) 截顶失真　　　　　　　　　　b) 饱和失真　　　　　　　　　　c) 截止失真

图 3-28　输出失真波形图

2）观察饱和、截止失真。调节 u_{ip-p} 为 200mV，调节电位器 R_{Pb}，观察输出电压幅值的变化情况，把观察到的饱和失真和截止失真的波形画到图 3-28b、c 的坐标中，并使用万用表分别测量饱和失真与截止失真时晶体管三个极的对地电压，记录到表 3-8 中。

表 3-8 饱和失真与截止失真时各极电压测量表

	U_{BQ}/V	U_{CQ}/V	U_{EQ}/V	U_{CEQ}/V
饱和失真				
截止失真				

4. 注意事项

1）示波器、实验板和电源共地，以减小干扰。

2）用万用表之前要进行调零，用电压表和电流表使用时要注意调节档位、量程和极性。

3）注意晶体管和极性电容的极性。

5. 实训报告与实训思考

1）如实记录测量数据。

2）分析讨论电路调试过程中出现问题和现象。

3）如果图中电容 C_e 开路，对电压放大倍数会不会有影响，有何影响？

【拓展知识】 基极分压式稳定工作点共发射极放大电路

1. 分压式工作点稳定电路的组成及工作原理

分压式静态工作点稳定电路如图 3-29a 所示。该电路具有稳定工作点的特点，可以有效削弱温度变化对放大电路静态工作点的影响。通过图 3-29b 所示的直流通路分析，可以得到稳定静态工作点的原理是：当温度上升，使得 I_{CQ} 和 I_{EQ} 增大时，U_{EQ} 随之增大。在不考虑 I_{BQ} 对 R_{b1} 支路和 R_{b2} 支路电流的影响情况下，U_{BQ} 可以看成是 R_{b1} 和 R_{b2} 对 U_{CC} 的分压，是

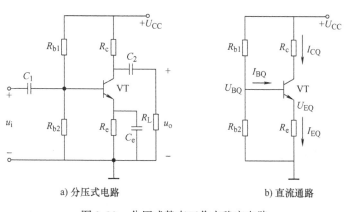

a) 分压式电路   b) 直流通路

图 3-29 分压式静态工作点稳定电路

固定不变的，所以发射结正向偏置电压 $U_{BEQ} = U_{BQ} - U_{EQ}$ 减少，从而使得 I_{CQ} 和 I_{EQ} 减少，使得工作点恢复到原来的位置。

2. 分压式工作点稳定电路的静态分析

比较图 3-24b 所示共基极放大电路的直流通路，可知分压式静态工作点稳定电路的直流通路与之完全一致，所以它的静态工作点计算完全一样，具体计算过程和结果请读者参考共基极放大电路静态工作点计算的相关内容。

3. 分压式工作点稳定电路的动态分析

根据图 3-29a 得到分压式静态工作点稳定电路交流通路如图 3-30a 所示，对应的微变等效电路如图 3-30b 所示。

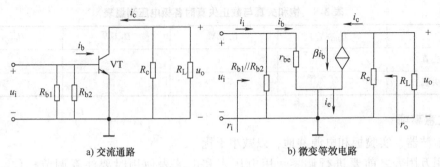

a) 交流通路   b) 微变等效电路

图 3-30   分压式静态工作点稳定电路动态分析电路

比较图 3-30b 和图 3-25 可知，分压式静态工作点稳定电路的微变等效电路与共发射极放大电路微变等效电路类似：在输入回路中，前者是 R_{b1} 支路、R_{b2} 支路、r_{be} 支路的并联，后者在输入回路中只有 R_b、r_{be} 支路的并联；在输出回路中完全一致。因此，类比共发射极放大电路的动态分析，可以得到分压式静态工作点稳定电路的动态参数。

电压放大倍数为

$$A_u = -\frac{\beta R'_L}{r_{be}} \tag{3-33}$$

输入电阻为

$$r_i = R_{b1} \mathbin{/\mkern-5mu/} R_{b2} \mathbin{/\mkern-5mu/} r_{be} \approx r_{be} \tag{3-34}$$

输出电阻为

$$r_i = R_c \tag{3-35}$$

任务三　多级放大电路

【任务导入】

晶体管三种基本放大电路性能和用途通常各不相同，且对信号的放大能力有限，而实际应用中，放大电路的输入信号的幅度和驱动能力一般比较弱，为了确保负载可以得到足够大的幅度和驱动能力，需要使用基本放大电路构成多级放大电路对信号进行多级放大。因此本任务主要介绍多级放大电路的相关知识。

【任务分析】

本任务主要学习多级放大电路的定义和结构，对多级放大电路的耦合方式、分析方法等进行重点学习，要求能根据实际需求选择合适的基本放大电路，构成复杂的多级放大电路，并要求能使用仪器仪表对晶体管多级放大电路进行检测与调试。

【知识链接】

在实际应用中，放大电路的输入信号来源于传感器，信号的幅度和驱动能力一般比较弱，如果只经过单级电路对信号进行放大，其输出的电压和功率往往不足以满足负载的需求，所以需要使用多级放大电路对信号进行多级放大。一般的多级放大电路的结构框图如图 3-31 所示。

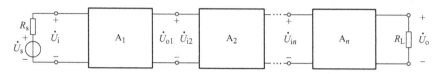

图 3-31　多级放大电路的结构框图

图中的第一级（A_1）与信号源相连接，通常被称为输入级，也被称为前置级，最后一级（A_n）与负载相连，被称为输出级，中间无论有多少级电路都被称为中间级。一般来说，多级放大电路为了能够从信号源获取尽量多的信号，输入级通常采用高输入阻抗的放大电路设计；为了负载可以从放大电路获取尽量多的能量，输出级通常采用低输出阻抗且具有一定的电流放大能力的放大电路设计；为了保证有较大的电压放大倍数，中间级通常采用具有较大电压放大能力的放大电路设计。

一、多级放大电路的耦合与特点

在多级放大电路中，每两级放大电路之间的连接方式称为**耦合方式**。多级放大电路的耦合方式一般可以分成直接耦合和间接耦合，其中直接耦合既可以放大直流信号，也可以放大交流信号，间接耦合只能放大交流信号，而间接耦合方式主要有阻容耦合和变压器耦合。几种典型的耦合方式如图 3-32 所示。

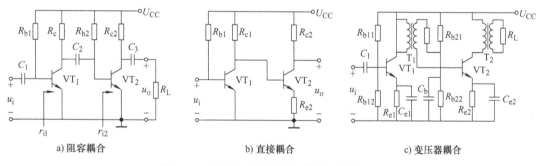

a) 阻容耦合　　　　　　　b) 直接耦合　　　　　　　c) 变压器耦合

图 3-32　多级放大电路的几种典型耦合方式

1. 阻容耦合

阻容耦合方式是指各级放大电路之间通过一个电容进行连接的方式，如图 3-32a 所示。输入信号 u_i 通过电容 C_1 与 VT_1 构成的第一级放大电路连接，第一级输出信号通过电容 C_2 与 VT_2 构成的第二级放大电路连接，第二级输出信号通过电容 C_3 与负载 R_L 连接。阻容耦合的优点是：前后级之间直流通路完全隔断，每一级的静态工作点相互独立，便于分析、设计、调试；缺点是：不能放大变化缓慢的信号，尤其是直流信号。目前，由于电容具备集成的可能性较小，所以阻容耦合一般不用于集成电路中，主要用于分立元器件电路。

2. 直接耦合

直接耦合方式是指各级放大电路之间直接进行连接的方式，如图 3-32b 所示。输入信号 u_i 与 VT_1 构成的第一级放大电路直接连接，第一级输出信号与 VT_2 构成的第二级放大电路直接连接，第二级输出信号与负载直接连接。直接耦合的优点是：能放大变化缓慢的信号，尤其是直流信号；缺点是：前后级之间直流通路相互影响，每一级的静态工作点相互牵制。目前，集成电路中一般采用直接耦合方式。

3. 变压器耦合

变压器耦合方式是指各级放大电路之间通过一个变压器进行连接的方式，如图 3-32c 所示。输入信号 u_i 通过电容 C_1 与 VT_1 构成的第一级放大电路连接，第一级输出信号通过变压器 T_1 与 VT_2 构成的第二级放大电路连接，第二级输出信号通过变压器 T_2 与负载 R_L 连接。变压器耦合的优点是：前后级之间直流通路相互独立，变压器通过磁路把一次绕组的交流信号传到二次绕组，直流信号无法通过变压器，变压器同时可以实现阻抗变换；缺点是：体积大，不能用于集成电路，频率特性较差，一般只用于低频功率放大电路和中频调谐电路中。随着电子技术的发展，变压器耦合在放大电路中的应用已经逐渐减少，多用阻容耦合和直接耦合两种方式。

二、阻容耦合多级放大电路的分析

由于直接耦合方式多用于集成电路的设计，集成电路的相关知识将在本书的项目四中详细阐述，本任务主要介绍阻容耦合多级放大电路的分析方法。

1. 静态分析方法

由于阻容耦合放大电路各级之间用电容隔开，静态工作点相互独立，故静态工作点的分析与单极放大电路完全一样，各级分别计算和调试即可。

2. 动态分析方法

（1）电压放大倍数　多级放大电路中，前一级的输出是后一级的输入，因此，多级放大电路的电压放大倍数是各级电路的电压放大倍数的乘积，即

$$\dot{A}_u = \frac{\dot{U}_o}{\dot{U}_i} = \frac{\dot{U}_{o1}}{\dot{U}_i} \cdot \frac{\dot{U}_{o2}}{\dot{U}_{i2}} \cdots \frac{\dot{U}_o}{\dot{U}_{in}} = \prod_{j=1}^{n} \dot{A}_{uj} \tag{3-36}$$

式中，A_{uj}（$j = 0,1,2,\cdots\cdots,n$）分别表示每一级的电压放大倍数。

需要注意的是：在交流输入的情况下，后级电路的输入电阻就是前级电路的输出负载，因此，在计算每一级电路的放大倍数时，都应考虑后一级电路输入电阻对前一级电路的影响。

（2）输入电阻　多级放大电路的输入电阻就是第一级电路的输入电阻，即 $r_i = r_{i1}$。

（3）输出电阻　多级放大电路的输出电阻就是最后一级电路的输出电阻，即 $r_o = r_{on}$。

【任务实施】　多级放大电路的制作与调试

1. 实训目的

1）加深对多级放大器特性的理解。

2）能使用相关仪器检查、调试、测量多级放大电路的特性、指标。

3）能够使用相关仪器检测并排除多放大电路的故障。

4）增强专业意识，培养良好的职业道德和职业习惯。

2. 实训设备与器件

1）数字万用表、双踪数字示波器、直流稳压电压源、函数信号发生器各 1 台；

2）实训电路板 1 块；

3）导线若干。

3. 实训内容与步骤

（1）调试并测试静态工作点

1）实验电路如图 3-33 所示，对照实验电路，仔细检查实验板上实验电路的各个元器件是否缺损，参数是否正确，极性是否符合要求，如有问题请改正。

2）在实验板上按图接好 +12V 电源，调节可调电位器 RP$_1$，使得 U_{CQ1} =6V，调节可调电位器 RP$_2$，使得 U_{CQ2} =6V，

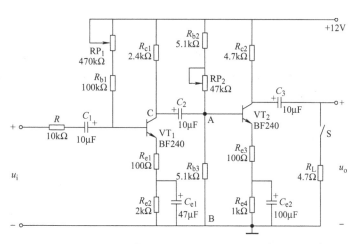

图 3-33　晶体管多级放大电路实验电路

置 u_i =0，用数字万用表分别测量晶体管三个极对地电压，并填入表3-9中相应的位置。

表 3-9　静态工作点（U_{CQ} =6V）

	测 量 值				计 算 值		
晶体管 VT$_1$	U_{BQ1}/V	U_{CQ1}/V	U_{EQ1}/V	U_{CEQ1}/V	U_{BEQ1}/V	U_{CEQ1}/V	I_{CQ1}/mA
晶体管 VT$_2$	U_{BQ2}/V	U_{CQ2}/V	U_{EQ2}/V	U_{CEQ2}/V	U_{BEQ2}/V	U_{CEQ2}/V	I_{CQ2}/mA

（2）测试放大倍数

测试方法：使用函数信号发生器，在放大电路输入端 u_i 接入频率 1kHz、电压有效值为 10mV 的正弦信号，并在输出端接上负载 R_L。

1）断开 A 点，用示波器的 CH$_1$ 通道观测输入信号，CH$_2$ 通道观测第一级的输出信号（A 点），读取它们的有效值，并计算第一级放大电路的电压放大倍数，填入表 3-10 中的第二行中。

2）接好 A 点，断开 C 两点，在 C、B 两点接入频率 1kHz、电压有效值为 10mV 的正弦信号，用示波器的 CH$_1$ 通道观测输入信号（C 点），CH$_2$ 通道观测第二级输出信号，读取它们的有效值，并计算第二级放大电路的电压放大倍数，填入表 3-10 中的第三行中。

3）接好 A 点，并将输入信号接入 u_i 端，用示波器的 CH$_1$ 通道观测输入信号 u_i，CH$_2$ 通道观测负载两端的波形 u_o，读取它们的有效值，并计算出总的放大倍数，填入表 3-10 中的第四行中。

4）根据所测数据，计算出两级放大电路的总电压放大倍数 A_u，并验证 $A_u = A_{u1}A_{u2}$。

表 3-10　电压放大倍数测量表

	输入信号有效值/V	输出信号有效值/V	电压放大倍数
第一级放大			
第二级放大			
两级放大			

4. 注意事项

1）在断电情况下连接和改接电路。

2）示波器、实验板和电源共地，以减小干扰。

3）用万用表之前要进行调零，电压表和电流表使用时要注意调节档位、量程和极性。

4）注意晶体管和极性电容的极性。

5. 实训报告与实训思考

1）如实记录测量数据。

2）分析讨论电路调试过程中出现的问题和现象。

3）如果图中电容 C_2 短路，对多级放大电路的静态工作点会不会有影响，为什么？

【拓展知识】 典型产品分析

1. 有线传声器电路与原理

某型号有线传声器的电路图如图 3-34 所示，图中 CM－18W 为咪头，与电阻 R_1 构成语音采集电路，把语音转换成微弱的语音电信号。电阻 R_2、R_3、NPN 型晶体管 VT_1 构成第一级放大电路，电路类型为共发射极放大电路，可以对微弱语音电信号进行幅度放大和输入阻抗匹配。电阻 R_4、R_5、NPN 型晶

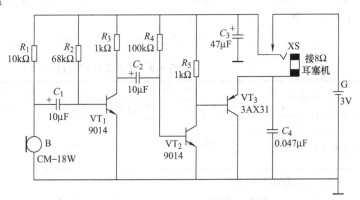

图 3-34 某有线传声器电路图

体管 VT_2 构成第二级放大电路，电路类型为共发射极放大电路。电阻 R_5、输出负载 XS（比如 8Ω 耳塞机），PNP 型晶体管 VT_3 构成输出级放大电路，电路类型为共集电极放大电路，实现输出阻抗匹配和电流放大功能。电容 C_1、C_2 构成阻容耦合，确保第一级和第二级放大电路静态工作点相互独立，电容 C_3 为电源滤波电容，减少电源纹波，电容 C_4 对感性负载（扬声器）进行相位补偿来消除自激，电源 3V 为传声器供电。

2. 简易无线监听器电路与原理

某型号无线监听器的电路图如图 3-35 所示，图中 M_1 为咪头，与电阻 R_1 构成语音采集电路，把语音转换成微弱的语音电信号。跳线或者开关 J_2、J_1，RP_1、R_2、R_3、R_4 构成信号源输入选择电路，决定监听电路所监听的信号来源。电容 C_1、C_6，电阻 R_5、R_6、R_7，NPN 型晶体管 VT_1，构成第一级放大电路，电路类型为共发射极放大电路，与前后级电路的耦合方式为阻容耦合，可以对微弱语音电信号进行幅度放大和输入阻抗匹配。电阻 R_8、R_9，电容 C_2、C_3、C_4、C_5，电感 L_1，NPN 型晶体管 VT_2，构成第二级放大电路，电路类型为共发射极放大电路，其中 C_3、C_4、L_1 构成电容三点式选频电路，第二级放大电路与前后级电路的耦合方式为阻容耦合。电阻 R_{10}、R_{11}、R_{12}，电容 C_7、C_8、C_9、C_{10}，电感 L_2，NPN 型晶体管 VT_3，构成第三级放大电路，电路类型为基极分压式共发射极放大电路，其中 C_8、C_9、L_2 构成电容三点式选频电路，第三级放大电路与前后级电路的耦合方式为阻容耦合。L_3 为天

线匹配电感，电容 C_{11} 为电源滤过为电源滤波电容，减少电源纹波，电池可以是 $1\sim15V$。该电路的通信频率为 $88\sim108MHz$，通信距离为：$100\sim300m$，通过调整电感 L_1 和 L_2 可以改变通信频率，调整供电电压，可以改变通信距离。

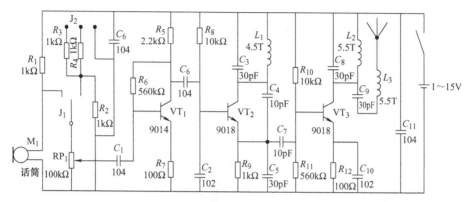

图 3-35 简易无线监听器电路图

项目实施与评价

1. 实施目的

1）能正确安装前置放大电路。

2）能正确使用晶体管等器件。

3）能正确使用仪表对制作的电路进行调试，并解决故障。

4）能组织和协调团队工作。

2. 实施过程

（1）设备与元器件准备

1）设备准备：万用表、示波器、函数信号发生器、$\pm12V$ 双路输出变压器各 1 台。

2）元器件准备：电路所需要的元器件的名称、规格、数量等见表 3-11。

表 3-11 前置放大电路的元器件清单

名称与代号	型号与规格	封　装	数量	单位
电阻 R_{27}	$47k\Omega$ 1/4W	色环直插	1	只
电阻 R_5、R_6、R_{11}、R_{12}	$22k\Omega$ 1/4W	色环直插	4	只
电阻 R_3、R_9	$10k\Omega$ 1/4W	色环直插	2	只
电阻 R_4、R_{10}	$2.7k\Omega$ 1/4W	色环直插	2	只
电阻 R_7、R_{13}	$2.2k\Omega$ 1/4W	色环直插	2	只
电阻 R_8、R_{14}	$1.2k\Omega$ 1/4W	色环直插	2	只
电位器 $RP_1\sim RP_4$	$1M\Omega$	3296W 蓝色直插	4	只
电解电容 $C_9\sim C_{16}$	$10\mu F/25V$	直插 $5\times11mm$	8	只
晶体管 $VT_1\sim VT_4$	9013	SOT-92 直插	4	只
咪头 MK_1		直插 $9\times7mm$	1	只
耳机插座	3.5mm	PJ325	1	只
跳线 J_3、J_4		直插（自制）	2	个
PCB			1	块

（2）电路识读　前置放大电路图如图 3-1 所示。图 3-1 上半部分为歌唱音乐对应的采集与前置放大电路，图中咪头 MK_1、R_{27} 采集语音信号并转换成电信号，电容器 C_9、C_{10}，电阻器 RP_1、R_3、R_4，晶体管 VT_1，构成共集电极放大电路，实现阻抗匹配，提高输入阻抗。电容器 C_{11}、C_{12}，电阻器 RP_2、R_5、R_6、R_7、R_8，晶体管 VT_2，构成共发射极放大电路，实现电压放大，负载开路放大倍数为 50～100。

图 3-1 下半部分为伴奏（手机、计算机等电子声音）的电信号对应的前置放大电路，图中 P_2 是耳机输入插座，两级放大电路与图 3-1 上半部分结构、性能完全一致。

（3）前置放大电路的安装与调试

1）元器件检测。用万用表仔细检查电阻器、电容器、晶体管等元器件的好坏，防止将性能不佳的元器件装配到电路板上。

2）电路的安装。电路板装配应该遵循"先低后高，先内后外"的原则，对照元器件清单和电路板丝印，将电路所需要的元器件安装到正确的位置。由于电路板为双面板，请在电路板正面安装元器件，反面进行焊接，并确保无错焊、漏焊、虚焊。焊接时要保证元器件紧贴电路板，以保证同类元器件高度平整、一致，制作的产品美观。装配电路的电路板布局如图 3-36 所示。需要注意的是，为了调试方便，跳线 J_3、J_4 暂时不装配，在每一个功能模块调试无误且完毕后，再安装。

3）电路调试。

① 静态工作点调试与检测。接通电源，调节可调电位器 RP_1、RP_2、RP_3、RP_4，使得晶体管 VT_1 ~ VT_4 的集电极电压均为 6V，并用万用表检测晶体管 VT_1 ~ VT_4 的基极–发射极间电压是否约为 0.7V。

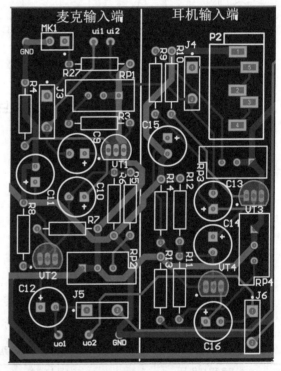

图 3-36　前置放大电路装配图

② 图 3-1 上半部分放大倍数检测。使用函数信号发生器，在放大电路输入端接入频率 1kHz、电压有效值为 10mV 的正弦信号 u_{i1}，用示波器的 CH_1 通道观测输入端的波形（u_{i1}），CH_2 通道观测输出端的波形（u_{o1}），读取它们的有效值，并计算出放大倍数，放大倍数应该为 50～100。

③ 图 3-1 下半部分使用函数信号发生器，在放大电路输入端接入频率 1kHz、电压有效值为 10mV 的正弦信号 u_{i2}，用示波器的 CH_1 通道观测输入端的波形（u_{i2}），CH_2 通道观测输出端的波形（u_{o2}），读取它们的有效值，并计算出放大倍数，放大倍数应该为 50～100。

（4）编写项目实施报告　参见附录 A。

（5）考核与评价

检查项目		考核要求	分值	学生互评	教师评价
项目知识与准备	晶体管的识别与检测	能陈述晶体管的结构与特性	10		
	三种基本放大电路的原理	能分析电路中每一个元器件的作用	20		
	器件选型	能根据计算公式选择恰当的元器件	10		
项目操作技能	准备工作	10min 中内完成仪器、元器件的清理工作	10		
	元器件检测	能独立完成元器件的检测	10		
	安装	能正确安装元器件，焊接工艺美观	10		
	通电调试	能使用正确的仪器分级检测电路；输出电压正常	20		
	用电安全	严格遵守电工作业章程	5		
职业素养	实践表现	能遵守安全规程与实训室管理制度；表达能力；9S；团队协作能力	5		
项目成绩					

项 目 小 结

1. 知识能力

1）晶体管是一种电流控制器件，它具有"三区、三极、两结"，它的输出特性曲线可以分为饱和区、放大区、截止区。放大区主要通过较小的基极电流控制较大的集电极电流，主要用于放大电路，饱和区和截止区主要用于电子开关电路。

2）晶体管放大电路主要有共发射极放大电路、共集电极放大电路、共基极放大电路三种。共发射极放大电路可以放大电压和电流，输出电压与输入电压相位相反，主要用于多级放大电路的中间级；共集电极放大电路又叫电压跟随器，电压放大倍数约为1，可以放大电流，输出电压与输入电压相位相同，具有高输入阻抗低输出阻抗的特点，主要用于多级放大电路的输入级和输出级；共基极放大电路可以放大电压，不可以放大电流，输出电压与输入电压相位相同，主要用于射频放大电路中。

3）放大电路的分析一般包括静态分析和动态分析。静态分析是通过对放大电路直流通路分析得出合适的静态工作点；动态分析一般通过微变等效电路计算出电压放大倍数、输入电阻及输出电阻。

4）多级放大电路中，常见的耦合方式有直接耦合、阻容耦合及变压器耦合三种。其中阻容耦合放大电路的前后级电路间静态工作点相互独立，分析和调试比较容易，但是不适合放大变化比较慢的信号，尤其不能放大直流信号；直接耦合放大电路的前后级电路间静态工作点相互影响，分析和调试比较困难，适合集成，主要用于集成放大电路。多级放大电路总的电压放大倍数为各级放大电路电压放大倍数的乘积。

2. 实践技能

1）使用万用表检测晶体管的方法。

2）基本放大电路的测试方法，常见故障排查方法。

3）阻容耦合多级放大电路的测试方法，常见故障排查方法。

4）典型产品中前置放大电路的制作、调试方法。

项 目 测 试

1. 填空题

3-1　晶体管属于_____控制型器件，在直流情况下，这一种控制关系可以用公式_____表示。

3-2　晶体管具有_____和_____两个 PN 结，当它处于放大状态时，_____结正偏，_____结反偏。

3-3　晶体管具有_____、_____和_____三个区。

3-4　某 NPN 型晶体管处于饱和状态时，三个极之间的电压关系是_____。

3-5　根据结构不同晶体管可以分为_____和_____两类；根据材料不同晶体管可以分为_____和_____两类。

3-6　经测量，某晶体管的 $I_B = 30\mu A$，$I_C = 1.2mA$，则发射极电流 $I_E = $ _____ mA，如果此时该晶体管工作在放大状态，且交流输入信号为 0V，则 $\beta = $ _____。

3-7　共发射极放大电路输出电压与输入电压相位_____，共集电极放大电路输出电压与输入电压相位_____，共基极放大电路输出电压与输入电压相位_____。

3-8　晶体管三种基本放大电路中，既能放大电压又能放大电流的是_____放大电路，只能放大电流的是_____放大电路，只能放大电压的是_____放大电路。

3-9　多级放大电路中一般希望输出级可以为负载提供足够的驱动电流，输入级能够从信号源获取尽量高的电压，尽量小的电流，因此输出级一般选用_____放大电路，输入级一般选用_____放大电路。

3-10　图 3-37 图中的晶体管均处于放大状态。请问：图 3-37a 所示晶体管类型是_____，基极电压是_____ V，发射极电压_____ V，集电极电压_____ V；图 3-37b 所示晶体管类型是_____，电流放大倍数 $\beta = $ _____。

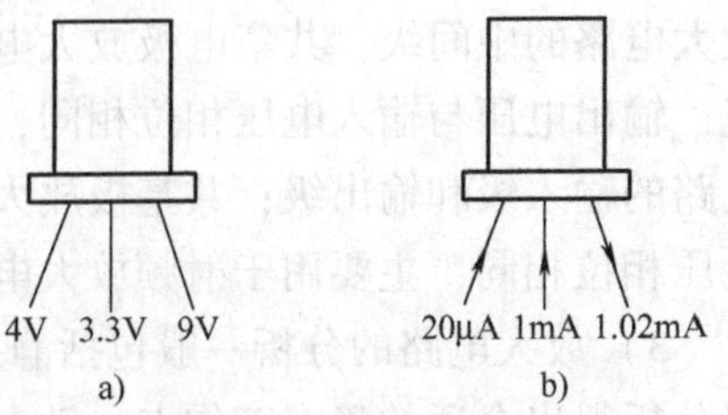

4V　3.3V　9V
a)

20μA　1mA　1.02mA
b)

图 3-37　习题 3-10 图

3-11　NPN 型晶体管构成的放大电路在放大信号时，必须设置合适的静态工作点 Q，如果 Q 点过高，容易引起_____失真，如果 Q 点过低，容易引起_____失真。

3-12　某晶体管构成的共集电极放大电路，输入信号是正弦信号，输出的正半周产生失真，这是_____失真；某晶体管构成的共发射极放大电路，输入信号是正弦信号，输出的正半周产生失真，这是_____失真。

3-13　某晶体管构成的放大电路，在非失真的情况下，通过测试，输入电压信号的有效值为 3mV，输出电压信号的有效值为 0.15V，则该电路的电压放大倍数 A_u =_____。

3-14　一个两级放大电路，其中第一级放大电路的电压放大倍数为 15，第二级放大电路的电压放大倍数为 15，则该放大电路总的放大倍数是_____。

3-15　多级放大电路常见的间接耦合方式有_____和_____两种。

2. 选择题

3-16　双极型晶体管（BJT）从结构上看由三个区构成，其中不包括（　　）。

A. 发射区　　　　B. 栅区　　　　C. 基区　　　　D. 集电区

3-17　晶体管构成的基本放大电路中不包括（　　）组态。

A. 共发射极　　　B. 共栅极　　　C. 共基极　　　D. 共集电极

3-18　某晶体管工作在放大状态时，晶体管的 $i_B = 10\mu A$ 时，$i_C = 0.44mA$，$i_B = 20\mu A$ 时，$i_C = 0.89mA$，则它的电流放大倍数 β =（　　）。

A. 44　　　　　　B. 45

C. 30　　　　　　D. 35

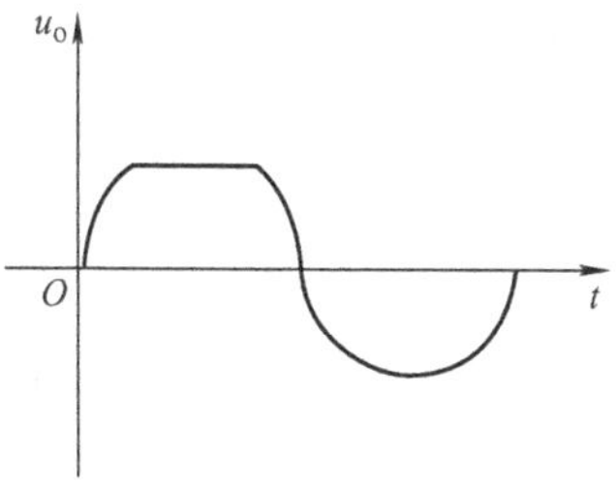

3-19　某 NPN 型晶体管构成的单级共发射极放大电路的输出波形如图 3-38 所示，则该放大电路发生了（　　）失真。

图 3-38　题 3-19 图

A. 截止　　　　　B. 饱和　　　　C. 频率　　　　D. 交越

3-20　多级放大电路中，既能放大交流信号，也能放大直流信号的是（　　）耦合方式。

A. 变压器　　　　B. 阻容　　　　C. 光电　　　　D. 直接

3-21　如果某单级放大电路的输入信号为 u_i，输出信号时 $-20u_i$，则该放大电路可能是（　　）。

A. 共集电极放大电路　　　　　　B. 共基极放大电路

C. 共发射极放大电路　　　　　　D. 以上都有可能

3-22　某晶体管多级放大电路中，测得 $A_{u1} = -20$，$A_{u2} = 30$，$A_{u3} \approx 1$，则对应的各级放大电路的组态分别是（　　）。

A. 共发射极、共基极、共集电极

B. 共发射极、共集电极、共基极

C. 共基极、共发射极、共集电极

D. 共集电极、共发射极、共基极

3-23　图 3-39 所示放大电路中，如果出现饱和失真，则应该通过（　　）解决。

A. 减小电阻 R_{b1}　　　　　　　B. 减小电阻 R_{b2}

C. 增大电阻 R_c　　　　　　　　D. 减小电阻 R_e

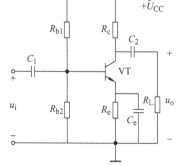

图 3-39　题 3-23 图

3-24 某晶体管的 $P_{CM} = 150\text{mW}$，$I_{CM} = 20\text{mA}$，$U_{(BR)CEO} = 15\text{V}$，则下列条件下，晶体管可以正常工作的是（　　）。

A. $U_{CE} = 3\text{V}$，$I_C = 15\text{mA}$　　　　B. $U_{CE} = 2\text{V}$，$I_C = 40\text{mA}$

C. $U_{CE} = 6\text{V}$，$I_C = 30\text{mA}$　　　　D. $U_{CE} = 20\text{V}$，$I_C = 2\text{mA}$

3-25 发射结和集电结都正偏，则晶体管工作在（　　）状态。

A. 放大　　　　　　B. 截止

C. 饱和　　　　　　D. 无法确定

3-26 某硅材料 NPN 型晶体管电路中，静态时测得集电极–发射极间电压 $U_{CE} = 0.3\text{V}$，基极–发射极间电压 $U_{BE} = 0.7\text{V}$，则此晶体管工作在（　　）状态。

A. 放大　　　　　　B. 截止

C. 饱和　　　　　　D. 无法确定

3-27 假设某晶体管共集电极放大电路的输入信号为 u_i，则输出电压 u_o 可能是（　　）。

A. $10u_i$　　　　　　B. $-10u_i$

C. u_i　　　　　　D. $-u_i$

3. 判断题

3-28 晶体管是由两个 PN 结构成，因此使用两个二极管背靠背连接起来，可以当作晶体管使用。　　　　　　　　　　　　　　　　　　　　　　　　　　　　　　（　　）

3-29 晶体管工作在线性放大时，电流的大小关系是 $i_B < i_C < i_E$。　　　（　　）

3-30 使用晶体管的饱和、截止两个状态，可以构成电子开关。　　　　（　　）

3-31 晶体管的集电区和发射区材料相同，极性相同，因此可以将晶体管的集电极和发射极交互使用。　　　　　　　　　　　　　　　　　　　　　　　　　　　（　　）

3-32 放大电路必须加上合适的直流电源才能工作，目的是保证放大器件正常偏置。
　　　　　　　　　　　　　　　　　　　　　　　　　　　　　　　　　　（　　）

3-33 阻容耦合多级放大电路的各级放大电路静态工作点相互独立，直接耦合多级放大电路的各级放大电路静态工作点也相互独立。　　　　　　　　　　　　　　　（　　）

3-34 放大电路中交流、直流信号共同存在，其中交流信号为放大器件提供合适的偏置电压，直流信号是电路放大的对象。　　　　　　　　　　　　　　　　　　　（　　）

3-35 放大电路的本质是将电源的能量按照输入信号的规律转换成输出信号，因此放大电路中输出信号的能量来源于电源。　　　　　　　　　　　　　　　　　　　（　　）

4. 分析与计算题

3-36 经测试，得到 NPN 型晶体管各管脚的电压，见表 3-12，试判断每一个晶体管的工作状态，并填写在表格的相应位置。

表 3-12　晶体管各管脚的电压及工作状态

序　号	各管脚的电压			工作状态
	U_B	U_C	U_E	
A	−2V	5V	−2.7V	
B	−3	8V	−0.7V	
C	2.7V	2.3V	2V	

3-37 经测试，得到放大电路中 6 只晶体管的直流电位如图 3-40 所示，请分析它们的型号、材料，并在圆圈中画出晶体管的符号。

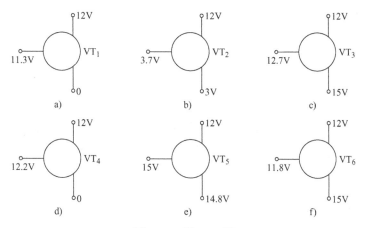

图 3-40 题 3-37 图

3-38 某晶体管构成的基本共发射极放大电路如图 3-41a 所示，使用示波器检测得到图 3-41b 所示输出波形，试分析这是属于什么失真？是静态工作点 Q 偏高还是偏低引起的？如何调整 R_b 可以消除该失真？

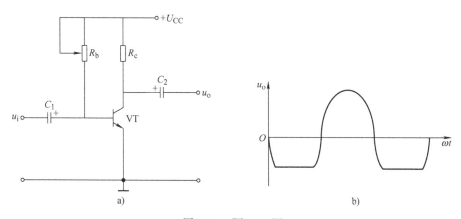

图 3-41 题 3-38 图

3-39 某晶体管放大电路如图 3-42 所示，已知晶体管的电流放大倍数 $\beta = 80$，$R_b = 300\text{k}\Omega$，$r_{be} = 800\Omega$，试求：

① 画出直流通路，并求静态工作点 Q（I_{BQ}，I_{CQ}，U_{CEQ}）；

② 画出交流通路，并画出微变等效电路；

③ 求解电压放大倍数 A_u、输入电阻 R_i 和输出电阻 R_o。

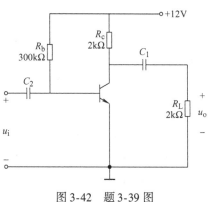

图 3-42 题 3-39 图

项目四　简易混音与放大电路的制作

项目描述

本项目中典型产品两路输入信号分别是歌手的歌声和伴奏的琴音，经过前置放大电路后，还需要进行混音，并再次放大到足够的幅度，然后才能通过功率放大驱动功放。混音放大电路如图 4-1 所示，它的技术参数如下：

① 实现两路信号的简单混音，混音后的信号幅度的增益为 1；

② 对混音后的信号进行幅度放大，要求放大倍数可控，在 1～51 倍之间连续可调；

③ 采用 ±12V 直流电压源供电。

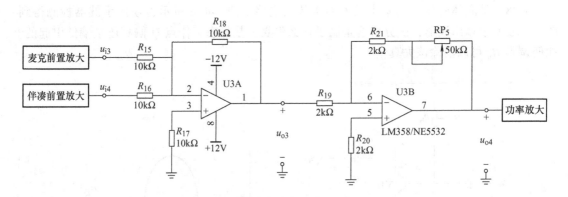

图 4-1　简易混音与放大电路

学习目标

【知识目标】

1）能陈述集成运放的基本结构、工作特点。

2）能用公式表达虚断和虚短的概念。

3）能熟练说出运算电路的工作原理及各部分的作用等。

4）能陈述简易混音电路的原理与制作方法。

【技能目标】

1）能使用仪器仪表检测集成运放。

2）能对简易混音和放大电路中的故障现象进行分析、判断并解决。

3）能正确装配简易混音电路，并会基本的调试。

任务一 集成运算放大器的识别与特性

【任务导入】

随着电子技术的发展，模拟电子电路的设计已经基本实现集成化，因此集成电路的应用越来越广泛。集成电路就是把整个电路中的元器件制作在一块硅基片上，构成特定功能的电子电路，具有良好的性能，调试简单可靠。本任务主要介绍集成运算放大电器的相关知识。

【任务分析】

本任务主要学习集成运算放大电路的结构框架、符号，对集成运算放大电路的特性和指标进行重点学习，要求能根据实际需求选择合适的集成运算放大电路芯片，并要求能对集成运算放大电路进行识别与检测。

【知识链接】

一、集成运放的识别

集成运算放大器（Integrated Operational Amplifier）是一种具有高电压放大倍数的直接耦合放大器，简称集成运放。它的内部是多级直接耦合的放大电路，主要由输入级、中间级、输出级和偏置电路 4 个部分组成，如图 4-2 所示。它有同相 u_P 和反相 u_N 两个输入端，一个输出端 u_o。

输入级一般采用高性能的差动放大电路，它决定整个集成运放的输入阻抗、共模抑制比、零点漂移、信噪比及频率响应，因此，输入级的好坏直接影响集成运放的工作性能；中间级是整个放大电路的主放大器，一般采用复合管作放大

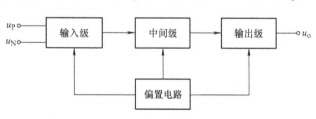

图 4-2 集成运放的内部框图

管，主要作用是提高集成运放的电压放大倍数；输出级一般采用互补对称功放电路，主要作用是提高带负载能力和减小非线性失真；偏置电路可采用不同形式的电流源电路，为各级放大电路提供合适的静态工作电流。

1. 集成运放的符号和封装

集成运放有两种符号表示，如图 4-3 所示，图 4-3a 所示为国标符号，图 4-3b 所示为惯用符号。以国标符号为例介绍，方框表示集成器件的通用符号，方框内的"▷"表示放大器，"∞"表示开环增益无穷大，两个输

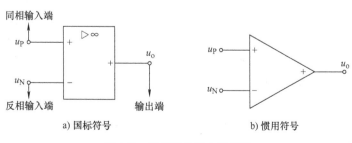

a) 国标符号　　　　　　　　b) 惯用符号

图 4-3 集成运放的电路符号

入端分别称为同相输入端 u_P（"＋"端）和反相输入端 u_N（"－"端），一个输出端 u_o。输出信号 u_o 与输入信号 u_P 相位相同，与输入信号 u_N 相位相反。

集成运放的封装形式主要有：双列直插（塑料、陶瓷）封装、金属圆壳封装、单列直插封装及扁平封装等。双列直插封装形式有 8 脚、10 脚、12 脚等类型，金属圆壳封装有 8 脚、14 脚、16 脚等类型，集成运放的外形如图 4-4 所示。

a) 14脚双列直插封装　　　　b) 8脚双列直插封装　　　　c) 金属圆壳封装

d) 14脚扁平封装　　　　e) 8脚扁平封装　　　　f) 单列直插封装

图 4-4　集成运放的外形

2. 集成运放的引脚功能

集成运放主要有 5 类引脚：输入引脚、输出引脚、电源引脚、调零引脚和补偿引脚。一般来说，一个集成运放基本包括 2 个输入引脚、1 个输出引脚、正、负电源引脚等。除此之外，有的集成运放还有调零引脚、补偿引脚等。集成运放常用引脚符号及功能见表 4-1。

表 4-1　集成运放常用引脚符号及功能

符　号	功　能	符　号	功　能
IN_-	反相输入端	OA	调零
IN_+	同相输入端	A_Z	自动调零
OUT	输出端	COMP	相位补偿
U_{CC}	正电源	BW	带宽控制
U_{EE}	负电源	DR	比例分频
GND	接地	C_X	外接电容
NC	空引脚	BOOSTER	负载能力扩展

以集成运放 μA741（单运放）和 LM358（双运放）为例，介绍集成运放的引脚排列和功能，如图 4-5a、b 所示。

3. 集成运放的命名和分类

每个厂商的集成运放都有自己的命名规则，但命名方式大致相同，都遵循一定的命名规则。一般来讲，集成运放的型号命名大致可由前缀、序列号、后缀三部分组成。前缀是字母或数字与字母的组合，表示标准或厂商。部分前缀代表及它们代表的含义见 4-2。

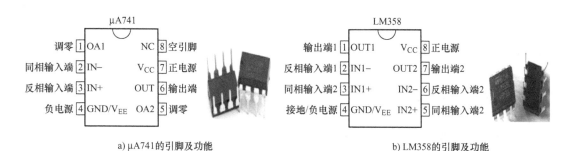

a) μA741的引脚及功能   b) LM358的引脚及功能

图4-5 集成运放的引脚排列和功能

表4-2 前缀及其代表的含义

前缀	代表含义	前缀	代表含义	前缀	代表含义
CF	中国线性电路	F	部标准（中国）	LM	美国国家半导体公司
7F	国营777厂	AN	日本松下公司	MC	美国摩托罗拉公司
HA	日本日立公司	CA	美国无线电公司	MA	美国仙童公司

序列号是数字组合，代表器件的系列和品种代号，如 CF0741、LM124/224/324、LM158/258/358 等。后缀是字母，主要代表器件的封装形式。以 LM358N 为例介绍集成运放的命名方式，如图4-6所示。

集成运放主要从内部的工作原理、电路的可控性及电参数的特点等几个方面来进行分类，下面以集成运放的电参数分类为例进行简单介绍。

图4-6 集成运放的命名规则

按照集成运算放大器的参数可分为6类：

1）通用型集成运放：这类运放的特点是价格低廉、产品量大、面广。常用的通用型集成运放有 μA741（单运放）、LM358（双运放）、LM324（四运放）及以场效应晶体管为输入级的 LF356 等，它们是目前应用最为广泛的集成运放。

2）高阻型集成运放：这类集成运放具有输入阻抗高、输入偏置电流小、高速、高宽带和低噪声等优点。常见的高阻型集成运放有 LF356、LF355、LF347（四运放）以及具有更高输入阻抗的 CA3130、CA3140 等。

3）低温漂型集成运放：这类集成运放具有失调电压小且不随温度变化而变化的特点，一般应用到精密仪器、弱信号检测等自动控制仪表中。常用的低温漂型集成运放有 OP-07、LM725、OP-27、AD508 和 ICL7650 等。

4）高速型集成运放：这类集成运放的主要特点是具有高的转换速率和宽的频率响应，一般应用在要求转换速率高和增益带宽大的场合，如快速 A-D 和 D-A 转换器、视频放大器等。常见高速型集成运放有 AD825、LM318、μA715、F118/218 等。

5）低功耗型集成运放：这类集成运放的特点是功率消耗低（功耗可达微瓦级），可低电源供电，一般应用在便携式设备中。常见低功耗型集成运放有 LM224、TL-022C、ICL7600 等。

6）高压大功率型集成运放：集成运放的输出电压主要受供电电源的限制，普通集成运放的输出电压的最大值一般仅几十伏，输出电流仅几十毫安，若进一步提高输出电压或增大电流，需要外接辅助电路，而高压大功率型集成运放无需外接辅助电路，即可输出高电压和大电流。常见高压大功率型集成运放有 LM380、μA791 等。

二、集成运放的特性

1. 理想集成运放的主要性能参数

在分析运算电路时通常把集成运放看成理想运放，理想集成运放主要有以下几个性能参数：

1）开环差模增益无穷大 $A_{od} \rightarrow \infty$。

2）共模抑制比无穷大 $K_{CMR} \rightarrow \infty$。

3）输入电阻无穷大 $R_{id} \rightarrow \infty$。

4）输出电阻为零 $R_o \rightarrow 0$。

5）输入失调电压为零 $U_{IO} \rightarrow 0$。

6）输入失调电流为零 $I_{IO} \rightarrow 0$。

理想集成运放的电路模型如图 4-7 所示，理想运放工作在线性区的两个重要特性：

① **虚短**：由理想运放的开环增益 $A_{od} = u_{od}/(u_P - u_N) \rightarrow \infty$，则 $u_P - u_N = u_{od}/A_{od} = 0$，因此有 $u_P = u_N$，可知两个输入端的电压是相等的（同相输入端 u_P 与反向输入端 u_N 的电位差为零），这种情况被称为**虚短路**，简称"**虚短**"。

② **虚断**：由理想运放的输入电阻 $R_{id} \rightarrow \infty$，故有 $i_P = i_N = 0$，这种情况被称为**虚断路**，简称**虚断**。

值得注意，不管是"虚短"还是"虚断"，它们并不是真正的短路或断路。

2. 集成运放的传输特性

1）电压传输特性。集成运放的输出电压 u_o 与输入电压 u_{id}（即 $u_{id} = u_P - u_N$，u_P 为同相输入端，u_N 为反相输入端）之间的关系曲线称为**电压传输特性**，即 $u_o = f(u_{id})$。对正、负双电源供电的集成运放，其电压传输特性如图 4-8 所示。

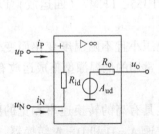

图 4-7　理想集成运放的电路模型

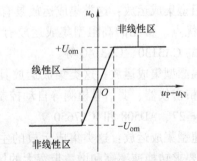

图 4-8　集成运放的电压传输特性

由电压传输特性曲线可以看出，集成运放可工作在**线性区**（也称放大区）和**非线性区**（也称饱和区）。当输入电压在一定范围时，运放工作在线性区，输出电压与输入电压成正比例关系，曲线的斜率就是电压放大倍数；当输入电压超过一定范围时，运放工作在非线性区，此时运放进入饱和状态，输出电压有两种可能，即 $+U_{om}$ 或 $-U_{om}$。

2）集成运放工作在线性区时的分析方法。

集成运放工作在线性区的目的为了实现输入电压与输出电压的某种运算关系，**工作在线性区的条件**是必须引入深度负反馈（深度负反馈相关内容在后面详细介绍），**即运放的输出端与反相输入端之间存在反馈通路**。为了分析方便而又能满足一般工程上所需要的精度，通常将实际集成运放理想化为理想运放进行分析，从而避免复杂的计算。根据理想运放的参数和模型，可以得出它具有"虚短"和"虚断"两个重要特点，这两个特点是分析运放电路的基本出发点。

三、集成运放的选型

目前，集成运放型号和种类繁多，这给使用者选型和使用带来很大的麻烦，但最终选型的依据还是集中在集成运放的有关性能参数上。因此，要正确选择集成运放的型号，必须对集成运放的类型和主要性能参数有所了解。

1. 集成运放的主要性能参数

集成运放的各项性能参数都是在一定的环境条件下测定的，当外部环境或条件发生变化时，性能参数会发生变化。在设计选用集成运放时，应注意性能参数的测试条件，尤其是对环境条件敏感的参数，如输入失调电压 U_{IO}、输入失调电流 I_{IO}、温漂 dU_{IO}/dT 和 dI_{IO}/dT 等。下面对集成运放的主要性能参数加以简单介绍。

（1）开环差模增益 A_{od}　是指集成运放无外接反馈时的差模放大倍数，$A_{od} = u_{od}/(u_P - u_N)$。

（2）共模抑制比 K_{CMR}　是指集成运放的差模放大倍数与共模放大倍数之比的绝对值，$K_{CMR} = |A_{od}/A_{oc}|$。

（3）输入电阻 R_{id}　是指集成运放的两个输入端之间的交流电阻。R_{id} 越大，从信号源索取的电流越小。一般集成运放的 R_{id} 比较大，有几兆欧以上。

（4）输入失调电压 U_{IO} 及温漂 dU_{IO}/dT　U_{IO} 是指输出电压为零时在输入端所加的补偿电压。U_{IO} 越小，表明差动输入的电路参数对称性越好。dU_{IO}/dT 是 U_{IO} 的温度系数，其值越小，温漂越小。

（5）输入失调电流 I_{IO} 及温漂 dI_{IO}/dT　I_{IO} 是指输出电压为零时，流入两个输入端的电流之差的绝对值 $I_{IO} = |I_{B1} - I_{B2}|$。$dI_{IO}/dT$ 与 dU_{IO}/dT 定义类似，值越小越好。

（6）最大共模输入电压 U_{icmax}　是指集成运放所能承受的最大共模电压，若超过该值，共模抑制能力明显下降。

（7）最大差模输入电压 U_{idmax}　是指集成运放两输入端所允许加的最大差模电压，超过该值，运放输入级差分对管将被反向击穿，使运放的性能变差，甚至损坏。

（8）开环带宽 f_H 和单位增益带宽 f_c　f_H 又称 $-3dB$ 带宽，指在正弦小信号激励下，运放开环电压增益随频率升高从直流增益下降 3dB 所对应的信号频率；而增益下降至 1，即 0dB 时的频率定义为单位增益带宽 f_c。

（9）转换速率 SR　是指集成运放在额定负载及输入阶跃信号时运放输出电压的最大变化率。反映了运放对快速输入信号的瞬态响应。

根据运放的特性不同，手册中给出的侧重点也有所不同。高速运放的许多参数都与频率有关。不少参数与直流供电电压有关，且有较大变化，如单位增益带宽 f_c、输入失调电压

U_{IO} 等。例如高速型运放 AD825A，在 +15V 电源供电时，f_c 最小值为 23MHz，典型值为 26MHz；I_{IO} 典型值为 20pA，最大值为 30pA；而在 +5V 电源供电时，f_c 最小值为 18MHz，典型值为 21MHz；I_{IO} 典型值为 15pA，最大值为 25pA。通常集成运放直流供电电源可允许在一定范围内选择，而手册仅给出典型供电电源电压下的参数值，因此在选用运放时，应根据运放实际电源电压对参数留有一定裕量。

2. 集成运放的选型

由于运放组成放大电路应用在不同的场合，对运放的各个参数的选择有很大的区别。在实际选择集成运放时，除考虑运放的性能参数之外，还应考虑其他因素。例如信号源的性质，是电压源还是电流源；负载的性质，集成运放输出电压和电流的是否满足要求；环境条件，集成运放允许工作环境、工作电压范围、功耗与体积等因素是否满足要求。在设计电路时应根据设计任务的不同，合理选用集成运放芯片。在电路设计时，开发者需要权衡成本、性能等指标因素来确定集成运放型号。一般的选型步骤归纳如下：

1）根据精度要求，对各种误差源进行严密分析。

2）分析输入信号的特性，输入是电压源还是电流源，振幅的范围是多少等。

3）考虑应用的特点，是反相器、加法器、跟随器还是其他变换电路等，不同的应用特点通常会影响集成运放的选择。

4）考虑环境因素，如应用环境的温度变化范围，应用时间及电源电压的范围是多少等。

5）考虑集成运放的性能参数。①**供电电源**：电压范围，是单电源供电还是双电源供电；②**精度**：尽量选用失调电压较小的集成运放，可以降低设计难度，同时考虑零温漂的集成运放可以进一步降低宽温度应用范围里系统调零的难度；③**转换速率**：有大幅度信号通路时要充分考虑集成运放的转换速率 SR；④**带宽**：小信号通路时考虑集成运放的增益带宽，并留有足够的开环增益；⑤**噪声**：失调可以在后端校正，混在信号通带的噪声却很难校正，因此，需充分考虑宽带电压噪声系数，带宽和电阻的热噪声等；⑥**其他**：是否对功耗、静态电流等有要求，这也是在选型时所要考虑的因素。

针对几类应用，对集成运放的简要选型归纳见表4-3。

表4-3 针对具体应用的集成运放简要选型方法

供电电源	设计要求	典型应用	推荐的集成运放（TI系列）
$U_{CC} \leqslant 5V$	低功耗，精密，小封装	便携，电池供电	OPA3xx，TLVxxxx
$U_{CC} \leqslant 16V$	低噪声，精密，低偏置电压，小封装	工业	OPA3xx，OPA7xx，TLVxxxx
±5V ~ ±15V 双电源供电	双电源电压，高速应用	XDSI，视频信号处理，驱动，A–D转换	OPA6xx，OPA8xx，THSxxxx
1.8V ~ 5.6V 单电源供电	单电源电压，高速应用	消耗电子，视频信号处理，驱动，A–D转换	OPA35x，OPA6xx，OPA8xx，THSxxxx

在没有特殊要求的场合，尽量选用通用型集成运放，这样即可降低成本，又容易保证货源。当一个系统中使用多个运放时，尽可能选用多运放集成电路，例如 LM324、LF347 等，都是将四个运放封装在一起的集成电路。

【任务实施】　集成运放的识别与检测

集成运放在装上电路板之前，需要对其进行识别与检测，确定型号、规格、性能是否符合电路的需求，通常可以使用万用表对集成运放进行装前检测。

1. 实训目的

1）学会从外形识别集成运放的引脚排列顺序及型号等。

2）能通过网络查找学习资料并确定集成运放的引脚功能。

3）能使用万用表检测集成运放。

4）增强专业意识，培养良好的职业道德和职业习惯。

2. 实训设备和器件

1）数字万用表（UT51）1 块。

2）集成运放 OP07、LM358、LM324、NE5532 各 1 个。

3. 实训内容与步骤

1）查阅资料，识读集成运放的型号和引脚，完成表4-4。

表4-4　集成运放的引脚号与引脚功能

型　　号	引脚号与引脚功能
OP07CP	
LM358P	
NE5532	
LM324N	

2）集成运放认识和引脚排列的辨别。集成运放的顶面一般会标有运放的型号，可根据它来进行识读；集成运放引脚排列可根据封装的标记来进行辨别，从标记开始，从左向右的顺序读取依次为 1，2，3……，或者逆时针读取依次为 1，2，3……，如图4-9所示。芯片上的标记一般有圆点、凹槽、倒角等。

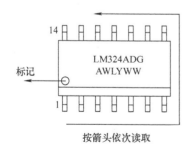
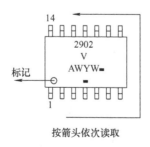
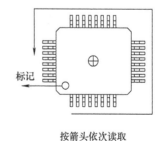

图4-9　集成运放引脚排列

请按照上述方法，画出 OP07CP、LM358P、NE5532、LM324N 的引脚排列示意图，完成图 4-10 所示的绘制，并标出芯片的引脚号和相应的功能。

3）集成运放的简单参数测量。这里的简单参数是指运放的各引脚对接地引脚的正、反向电阻，主要测引脚有无短路和断路现象。测量方法：将万用表的功能开关置于电阻档

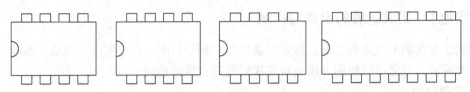

图4-10　OP07CP、LM358P、NE5532、LM324N 的引脚排列示意图

（"200Ω"或"2kΩ"），将黑表笔接运放的接地引脚，红表笔接其他各引脚，测量出其正向电阻值。反之，可测出反向电阻值。选择 LM324 芯片，按照上述方法，完成表4-5。

表4-5　集成运放 LM324 引脚对地正、反向电阻

电阻值	1 脚	2 脚	3 脚	4 脚	5 脚	6 脚	7 脚	8 脚	9 脚	10 脚	11 脚	12 脚	13 脚	14 脚
正向电阻														
反向电阻														

4. 注意事项

1）测量时，手不要碰到器件的引脚，以免人体电阻的介入影响测量的准确性。

2）在实训过程中，常用手直接接触器件，请轻拿轻放，同时要小心集成运放的引脚伤人。

5. 实训报告与实训思考

1）如实记录数据，完成实训报告书。

2）用电阻法对集成运放进行检测时，为什么万用表电阻的倍率选择"200Ω"或"2kΩ"，而不选择其他档位？

【拓展知识】　集成运放的内部电路结构

1. 集成运放的基本电路结构

在分析集成运放电路时，有时需弄清楚其运放的电路结构形式和性能特点，这对设计电路有很大帮助。不同型号的集成运放的电路结构形式会有些不同，但具有一些共同特征。从图4-2可知，集成运放电路可分成输入级、中间级、输出级和偏置电路四部分。一般来说，集成运放为了克服温漂，输入级几乎都采用差分放大电路；为了增大放大倍数，中间级多采用共发射极放大电路；为了提高带负载能力且具有尽可能大的不失真输出电压范围，输出级多采用互补式电压跟随电路。其基本电路结构如图4-11 所示。

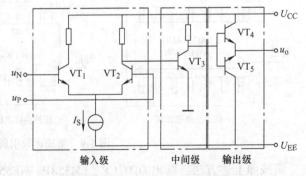

图4-11　集成运放的基本电路结构

在这个基本电路中，输入级是由 VT_1 和 VT_2 构成的差分放大电路，这类电路具有输入电阻高、差模电压放大倍数大、共模抑制能力强等特点；中间级是由 VT_3 组成的共发射极放大电路，具有电压放大倍数大等特点；

输出级是由 VT_4 和 VT_5 组成的互补功率放大电路,具有输出功率高、带负载能力强和输出电压的动态范围广等特点;I_s 为偏置电路,提供偏置电流。

2. 集成运放 LM324 的内部电路结构

LM324 是四个独立的通用型运算放大电路集成在一块芯片上,可以单电源供电,供电电压范围为 $3.0 \sim 32V$,也可双电源供电,且静态电流小。其实物和集成内部电路如图 4-12 所示。

图 4-12　LM324 的实物与它的几类封装形式

集成运放 LM324 的内部电路图如 4-13 所示。晶体管 VT_{15}、VT_{16}、VT_{19} 利用集电区面积不同构成比例电流源,以及 VT_{23} 和 VT_{24} 构成镜像电流源,为输入级、中间级和输出级提供静态偏置电流。去掉偏置部分,电路可简化为如图 4-14 所示的三级放大电路。

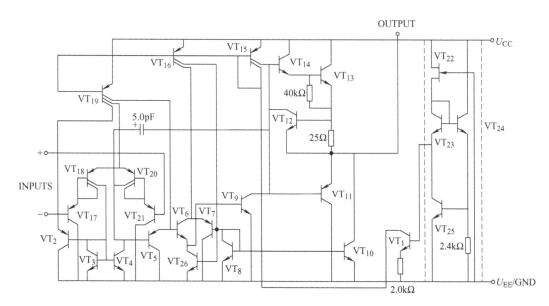

图 4-13　LM324 的内部电路原理图

在简化电路中,输入级是双端输入、单端输出的差分放大电路,VT_1 和 VT_4 为纵向 PNP 管,具有较大的电流放大倍数 β;VT_2 和 VT_3 为横向 PNP 管,采用了共集电极-共发射极形式,使得输入级能承受的差模输入高,其输入电阻大。

中间级是共集电极-共发射极放大电路,VT_{10} 和 VT_{11} 构成两级射极输出电路,使第二级输入电阻大,提高了前级的电压放大倍数。由 VT_{10} 和 VT_{11} 的电流放大作用,VT_{12} 可获得更大的基极电流,从而使中间级具有很强的放大能力。

输出级是射极输出电路,由 VT_5 和 VT_6 复合而成的 NPN 型晶体管和 NPN 型晶体管 VT_{13} 构成,具有很强的带负载能力。

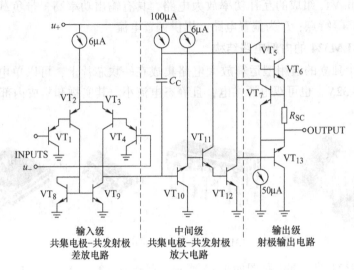

图 4-14　LM324 的内部简化电路原理图

值得注意的是，分析运放的结构特点和工作原理是为了更好地理解运放的性能特点，以便合理的使用运放。我们的重点不是设计和改进集成电路，只需对内部电路有所了解即可。

任务二　放大与简易混音电路的制作

【任务导入】

为了确保集成运放工作在线性状态，通常需要引入深度负反馈，当集成运放电路工作在线性状态时，可以构成基本放大电路，比如反相、同相、电压跟随器等放大电路，也可构成一些简单的运算电路，比如加法、减法电路，其中加法电路可以用于实现简单的混音功能。本任务主要介绍这些基本应用电路和负反馈的相关知识。

【任务分析】

本任务重点学习反相比例运算放大、同相比例运算放大、反相加法与减法电路等模拟运算电路，简单学习反馈的定义、类型、对电路的影响等，了解积分与微分电路，并要求能对集成运放构成的比例放大电路和简易混音电路进行检测与调试。

【知识链接】

一、反相与同相比例放大电路

1. 反相比例放大电路

输入信号从集成运放的反相输入端流入，则称为反相型放大器。图 4-15 所示为反相比例放大电路（又称反相比例运算电路）。图中 R_f 为反馈电阻，R_i 为输入电阻，R_p 为平衡电阻。

输入信号 u_i 通过电阻 R_i 流入集成运放的反相输入端 u_-，故输出电压 u_o 与 u_i 反相。同相输入端 u_+ 通过电阻 R_p 接地，R_p 为平衡电阻（或补偿电阻），用以保证集成运放输入级差分放大电路的对称性，平衡电阻的值为输入 $u_i = 0$ 时反相输入端总等效电阻（即反相输入端各支路电阻的并联），故 $R_p = R_i /\!/ R_f$。

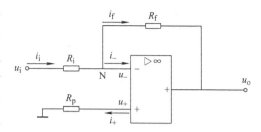

图 4-15　反相比例放大电路

根据运放"虚短"和"虚断"的特点，有

$$u_+ = u_-$$
$$i_+ = i_- = 0$$

同相输入端通过电阻 R_p 接地，可得 $u_+ = 0$，故 $u_- = 0$。节点 N 的电流方程为

$$i_i = i_f + i_-, \quad i_- = 0$$

$$i_i = \frac{u_i - u_-}{R_i}, \quad i_f = \frac{u_- - u_o}{R_f}$$

根据 $i_i = i_f + i_-$，$i_- = 0$，$u_- = 0$，整理可得

$$\frac{u_i - u_-}{R_i} = \frac{u_- - u_o}{R_f} \quad \Rightarrow \quad u_o = -\frac{R_f}{R_i}u_i \qquad (4\text{-}1)$$

u_o 与 u_i 成线性比例关系，比例系数为 $-R_f/R_i$，负号表示 u_o 与 u_i 反相。这个比例系数就是这个电路的电压放大倍数 A_u，$|A_u|$ 可以是大于、等于或小于 1 的任何值。

$$A_u = \frac{u_o}{u_i} = -\frac{R_f}{R_i} \qquad (4\text{-}2)$$

当 $R_f = R_i$ 时，$A_u = -1$，这样的反相比例放大电路称为反相器，即 $u_o = -u_i$。

【例 4-1】　在图 4-15 中，已知 $R_i = 10\text{k}\Omega$，$R_f = 100\text{k}\Omega$，求电压放大倍数 A_u 和平衡电阻 R_p。

$$A_u = -\frac{R_f}{R_i} = -\frac{100\text{k}\Omega}{10\text{k}\Omega} = -10$$

$$R_p = R_i /\!/ R_f = \frac{100 \times 10}{100 + 10}\text{k}\Omega = 9.09\text{k}\Omega$$

需要注意的是，理想集成运放的输入电阻是无穷大，但是**实际工程应用中，集成运放的输入电阻不是无穷大，那么在设计电路时，选择同相端和反相端电阻的时候，不能太大，通常要比集成运放的输入电阻小 10 倍以上，才能确保虚断的成立。**

2. 同相比例放大电路和电压跟随器

（1）同相比例放大电路　输入信号从集成运放的同相输入端流入，则称为同相型放大器。图 4-16 所示为同相比例放大电路（又称同相比例运算电路）。输入信号 u_i 通过电阻 R_2 流入集成运放的同相输入端 u_+，输出信号 u_o 同经 R_1 和 R_f 分压后，取 R_1 上的电压作为反馈信号流入反相输入端，从而引入电压串联负反馈，集成运放工作在线性区。

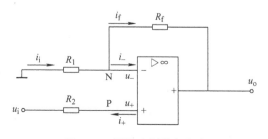

图 4-16　同相比例放大电路

跟反相比例放大电路的分析类似，根据运放的"虚断"和"虚短"，可得：

$$i_+ = i_- = 0$$

$$u_+ = u_- = u_i$$

节点 N 的电流方程为 $i_i = i_f + i_-$，$i_- = 0$，故 $i_i = i_f$，又由

$$i_i = -\frac{u_-}{R_1}, \qquad i_f = \frac{u_- - u_o}{R_f}$$

整理可得

$$i_i = -\frac{u_i}{R_1} = \frac{u_i - u_o}{R_f} = i_f \quad \Rightarrow \quad u_o = \left(1 + \frac{R_f}{R_1}\right)u_i$$

$$\tag{4-3}$$

$$A_u = 1 + \frac{R_f}{R_1}$$

式（4-3）表明，u_o 与 u_i 同相且放大倍数 A_u 大于 1。

（2）电压跟随器　在同相比例放大电路中，若输出信号全部反馈到反相输入端，那么就可得到图 4-17 所示的电压跟随器。之所以叫电压跟随器，是因为它的电压放大倍数 $A_u = 1$，即输出电压与输入电压相等，$u_o = u_i$。

由图 4-17，根据集成运放"虚短"的特点，容易得到 $u_i = u_+ = u_- = u_o$，$A_u = u_o/u_i = 1$。

应当注意，虽然同相比例放大电路具有高输入阻抗、低输出阻抗等优点，但同相比例放大电路

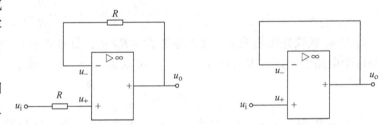

图 4-17　电压跟随器

具有共模输入信号，因此为了提高运算精度，应当选择共模抑制比高的集成运放。

运算电路的一般分析方法：①确定关键节点的电流方程，这里的关键节点是指那些与输入电压和输出电压具有关联的节点，如图 4-16 中的节点 P 或 N；②再根据集成运放"虚短"和"虚断"的基本原则进行整理，即可得出输出电压 u_o 和输入电压 u_i 的关系，进一步可得运算电路的电压放大倍数。除此之外，也借助电路的分析方法，如基尔霍夫定律、叠加定理等来进行分析。

【例 4-2】　图 4-16 中，已知 $R_1 = 10\text{k}\Omega$，$R_f = 100\text{k}\Omega$，求电压放大倍数 A_u 和平衡电阻 R_2。

$$A_u = \left(1 + \frac{R_f}{R_1}\right) = \left(1 + \frac{100\text{k}\Omega}{10\text{k}\Omega}\right) = 11$$

$$R_2 = R_1 // R_f = \frac{100 \times 10}{100 + 10}\text{k}\Omega = 9.09\text{k}\Omega$$

二、加法与减法运算电路

实现多个输入信号的比例求和或求差的电路称为加法或减法电路。当两个或两个以上的信号从集成运放的同一个输入端流入，可实现信号的加法运算；当两个或两个以上的输入信号分别从集成运放的同相输入端和反输入端流入，可实现信号的加减法运算。

1. 加法运算电路（简易混音电路）

根据加法运算电路的多个输入信号是从集成运放的反相输入端流入，还是从同相输入端流入，可分为反相加法运算电路和同相加法运算电路。其中同相加法运算电路存在共模信号，且电阻的选取和调整不方便，因此应用并不广泛，本书不做详细介绍，如有需要，请读者参考其他资料。

图 4-18 是对两个输入信号的加法运算电路。两个输入信号 u_{i1} 和 u_{i2} 分别作用于集成运放的反相输入端，故称为反相加法运算电路（或反相加法器）。

同相输入端通过平衡电阻 $R_p = R_{i1} /\!/ R_{i2} /\!/ R_f$ 接地，也称 P 点为"**虚地**"点。根据运放的"**虚短**"和"**虚断**"，有 $u_+ = u_- = 0$，$i_+ = i_- = 0$，各支路的电流方程和节点 N 的电流方程为

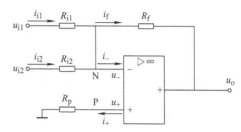

图 4-18 反相加法运算电路

$$i_{i1} = \frac{u_{i1}}{R_{i1}}, \quad i_{i2} = \frac{u_{i2}}{R_{i2}}, \quad i_f = -\frac{u_o}{R_f}$$

$$i_f = i_{i1} + i_{i2}$$

$$-\frac{u_o}{R_f} = \frac{u_{i1}}{R_{i1}} + \frac{u_{i2}}{R_{i2}}$$

整理得

$$u_o = -\left(\frac{R_f}{R_{i1}} u_{i1} + \frac{R_f}{R_{i2}} u_{i2}\right) \tag{4-4}$$

式(4-4) 中，如果 $R_f = R_{i1} = R_{i2}$，则 $u_o = -(u_{i1} + u_{i2})$，实现了两个输入信号 u_{i1} 和 u_{i2} 的反相求和。这种情况下，**如果在同相加法器的输入端加入的信号为音频信号，则构成最简单的混音电路。**

求解反相加法器输入信号与输出信号的运算关系，除上述的节点电流法外，还可以使用叠加定理求解其运算关系，先分别求出输入信号 u_{i1} 和 u_{i2} 单独作用于电路时的输出电压，再进行相加即可得到反相加法器的输入信号与输出信号的关系。

当只有信号 u_{i1} 作用时，如图 4-19a 所示，u_{i2} 与地短接，故流过 R_{i2} 的电流为零，电路实现的是反向比例运算。即

$$u_{o1} = -\frac{R_f}{R_{i1}} u_{i1}$$

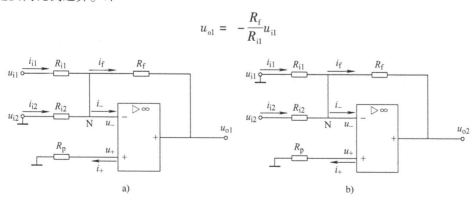

a)   b)

图 4-19 利用叠加定理求解运算关系

当只有信号 u_{i2} 作用时，如图 4-19b 所示，同理可得

$$u_{o2} = -\frac{R_f}{R_{i2}}u_{i2}$$

当信号 u_{i1} 和 u_{i2} 同时作用时，有

$$u_o = u_{o1} + u_{o2} = -\frac{R_f}{R_{i1}}u_{i1} - \frac{R_f}{R_{i2}}u_{i2} = -\left(\frac{R_f}{R_{i1}}u_{i1} + \frac{R_f}{R_{i2}}u_{i2}\right)$$

若有 $n(n>2)$ 个输入信号从反相输入端流入时，用上述方法进行分析，同样可以得出输出信号与输入信号的运算关系。如图 4-20 所示，其输出电压 u_o 的表达式为

$$u_o = -\left(\frac{R_f}{R_{i1}}u_{i1} + \frac{R_f}{R_{i2}}u_{i2} + \cdots + \frac{R_f}{R_{in}}u_{in}\right) \qquad (4-5)$$

2. 减法运算电路

从比例运算放大电路和加法运算电路分析可知，输出电压与同相输入端电压极性相同，与反相输入端电压相反，如果两个或两个以上的输入信号同时作用于运放的两个输入端，就可实现减法运算。

图 4-21 所示为两输入的减法运算电路（又称减法器）。输入信号 u_{i1} 和 u_{i2} 分别作用于集成运放的反相输入端和同相输入端，故又称为"差分运算电路"

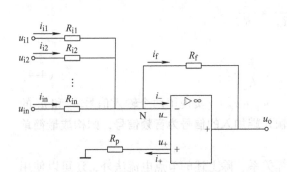

图 4-20　n 个输入信号的反相加法运算电路

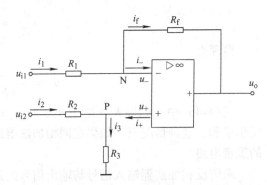

图 4-21　两输入信号的减法运算电路

根据叠加定理，当 $u_{i2}=0$，只有 u_{i1} 独立作用时，如图 4-22a 所示，为一个反相比例运算电路，故输出电压为

$$u_{o1} = -\frac{R_f}{R_1}u_{i1}$$

当 $u_{i1}=0$，只有 u_{i2} 独立作用时，如图 4-22b 所示，为一个同相比例运算电路，同相输入端的电压为 $u_+ = \frac{R_3}{R_2+R_3}u_{i2}$，根据同相比例运算电路的分析，可得输出电压为

$$u_o = \left(1 + \frac{R_f}{R_1}\right)\left(\frac{R_3}{R_2+R_3}\right)u_{i2}$$

当两输入信号 u_{i1} 和 u_{i2} 同时作用时，故有

$$u_o = u_{o1} + u_{o2} = \left(1 + \frac{R_f}{R_1}\right)\left(\frac{R_3}{R_2+R_3}\right)u_{i2} - \frac{R_f}{R_1}u_{i1}$$

若 $R_f/R_1 = R_2/R_3$，则输出电压为

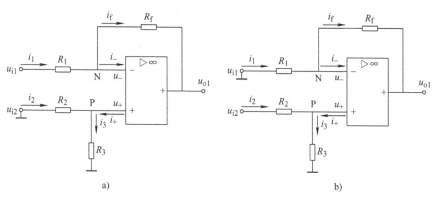

图 4-22　利用叠加定理求减法运算电路的运算关系

$$u_o = \frac{R_f}{R_1}(u_{i2} - u_{i1}) \qquad (4-6)$$

当有两个以上的输入信号分别作用于集成运放的两个输入端时，也可实现多个输入信号的加减运算，如图 4-23 所示，为四输入的加减运算电路。

根据叠加定理，当 $u_{i3} = u_{i4} = 0$，u_{i1} 和 u_{i2} 同时作用时，等效于一个反相加法运算电路，故输出电压为

$$u_{o1} = -R_f\left(\frac{u_{i1}}{R_1} + \frac{u_{i2}}{R_2}\right)$$

图 4-23　利用叠加定理求减法运算电路的运算关系

当 $u_{i1} = u_{i3} = 0$，u_{i3} 和 u_{i4} 同时作用时，等效于一个同相加法运算电路，若 $R_1 /\!/ R_2 /\!/ R_f = R_3 /\!/ R_4 /\!/ R_5$ 则输出电压为

$$u_{o2} = R_f\left(\frac{u_{i3}}{R_3} + \frac{u_{i4}}{R_4}\right)$$

当所有信号同时作用时，输出电压为

$$u_o = u_{o1} + u_{o2} = R_f\left(\frac{u_{i3}}{R_3} + \frac{u_{i4}}{R_4} - \frac{u_{i1}}{R_1} - \frac{u_{i2}}{R_2}\right)$$

【例 4-3】　如图 4-24 所示的二级运放电路中，$R_1 = R_{f2}$，$R_3 = R_{f1}$，求电路输入与输出的运算关系。

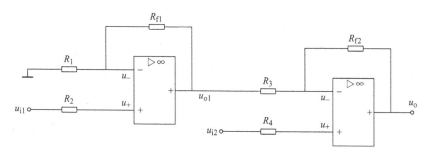

图 4-24　例 4-3 电路图

解：第一级为同相比例放大电路，故

$$u_{o1} = \left(1 + \frac{R_{f1}}{R_1}\right)u_{i1}$$

第二级为减法运算电路，第一级的输出信号是第二级反相输入端的输入，利用叠加定理得第二级输出为

$$u_o = \left(1 + \frac{R_{f2}}{R_3}\right)u_{i2} - \frac{R_{f2}}{R_3}u_{o1}$$

整理可得

$$u_o = \left(1 + \frac{R_{f2}}{R_3}\right)(u_{i2} - u_{i1})$$

三、放大电路中反馈的定义与分类

1. 反馈的定义

在基本放大电路中，将系统输出量（输出电压或电流）的一部分或全部通过一定的电路形式（**反馈网络或反馈回路**）返回到输入回路，用来影响输入信号（电压或电流）的措施称为**反馈**。

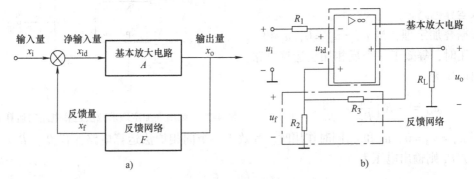

图 4-25　反馈放大电路的基本结构

有反馈的放大电路称为**反馈放大电路**，由基本放大电路和反馈网络两部分组成，如图 4-25a 所示。图 4-25b 所示为反馈放大电路的一个实例。电路中 u_i 为输入量，u_{id} 为净输入量，u_o 为输出量，u_f 为反馈量。

2. 反馈的分类与判断

（1）正、负反馈和判断方法

1）定义。

根据反馈的效果可以区分反馈的极性，若反馈量与输入量的极性相同，使反馈放大电路的净输入量增大的反馈称为**正反馈**，若反馈量与输入量的极性相反，使反馈放大电路的净输入量减小的反馈称为**负反馈**。反馈的结果往往影响净输入量，进而影响输出量。正反馈使输出量的变化增大，可以提高放大电路的增益，一般用于振荡电路中；负反馈使输出量的变化减小，能够稳定输出，改善放大电路的性能。

判断放大电路是否存在反馈，遵循两条基本原则：一是放大电路的输入回路和输出回路是否存在相连接的通路；二是反馈量是否影响了放大电路的净输入量。如果存在通路且影响了净输入量，则说明存在反馈，否则没有反馈。

【例 4-4】 判断图 4-26 所示电路有无反馈。

解：图 4-26a 所示电路中，集成运放的两个输入端与输出端均无相连接的通路，故该电路没有反馈。

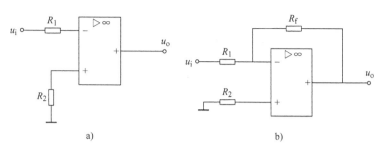

图 4-26b 电路中，①集成运放的输出端和反相输入

图 4-26　有无反馈的判断

端通过 R_f 相连，即输入与输出存在相连的通路；②集成运放的净输入量不仅与输入信号有关，还与输出信号有关，故该电路存在反馈。

2）判断方法。

反馈极性的判断（正、负反馈的判断），通常采用"**瞬时极性法**"。具体的步骤为：①假定输入信号在某时刻对地的极性（"正极性"或"负极性"）；②根据假定的极性，先确定电路中其他各点的瞬时极性，再确定输出信号的瞬时极性，最后确定反馈信号的瞬时极性；③判断反馈量是使净输入量增大还是减小，若增大，则是正反馈，反之为负反馈。

【例 4-5】 判断图 4-27 所示电路的反馈极性。

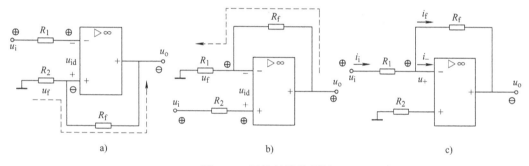

图 4-27　反馈极性的判断

解：图 4-27a 所示电路中，根据"瞬时极性法"，假定输入电压 u_i 的瞬时极性对地为正，即反相输入端电压瞬时极性对地为正，输出电压 u_o 瞬时极性为负，经反馈电阻 R_f 得到反馈电压 u_f 与输出电压 u_o 瞬时极性相同，也为负，使集成运放的净输入电压 $u_{id} = u_i - (-u_f)$ 得以增强，故电路中引入的为正反馈。

图 4-27b 所示电路中，假定输入电压 u_i 的瞬时极性对地为正，即同相输入端电压瞬时极性对地为正，输出电压 u_o 瞬时极性为正，反馈电压 u_f 与输出电压 u_o 瞬时极性相同为正，使集成运放的净输入电压 $u_{id} = u_i - u_f$ 得以削弱，故电路中引入的为负反馈。

图 4-27c 所示电路中，设输入电流 i_i 瞬时极性如图所示，集成运放的反相输入端电流 i_- 流入运放，电压 u_+ 瞬时极性对地为正，输出信号 u_o 瞬时极性为负，u_o 作用于 R_f，产生电流 i_f，i_f 对输入电流 i_i 分流，使得集成运放的净输入电流 $i_- = i_i - i_f$ 得以削弱，故电路中引入的为负反馈。

3）正、负反馈结构框图。

图 4-28 所示为反馈放大电路的框图，x_i 为输入量，x_f 为反馈量，x_{id} 为净输入量，x_o 为

输出量。x_i、x_f 和 x_{id} 三者之间的关系为

$$x_{id} = x_i + x_f$$

基本放大电路的开环放大倍数 A 为

$$A = \frac{x_o}{x_{id}}$$

反馈系数为

$$F = \frac{x_o}{x_f}$$

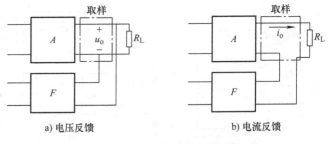

图 4-28　反馈放大电路的结构图

反馈放大电路的闭环放大倍数为

$$A_f = \frac{x_o}{x_i} = \frac{x_o}{x_{id} + x_f} = \frac{x_o}{x_{id} + AFx_{id}} = \frac{x_o}{x_{id}(1 + AF)} = \frac{A}{(1 + AF)} \tag{4-7}$$

式(4-7) 为反馈放大电路的一般表达式。从式中可以看出，闭环放大倍数与 $(1 + AF)$ 有关。可分为三种情况讨论：①若 $|1 + AF| > 1$，则称为负反馈，当 $(1 + AF)$ 远大于 1 时，称为深度负反馈；②若 $|1 + AF| < 1$，则称为正反馈；③若 $|1 + AF| = 0$，则称为自激振荡，此时 $A_f \to \infty$，放大器在没有输入信号时，也有输出信号，这时放大器成了一个振荡器。

（2）电压、电流反馈和判断方法

1）定义。

根据反馈量从放大电路输出端的取样方式不同，可分为电压反馈和电流反馈。若反馈量取自输出电压，如图 4-29a 所示，则称为电压反馈；若反馈量取自输出电流，如图 4-29b 所示，则称为电流反馈。

图 4-29　电压反馈和电流反馈

2）判断方法。

判断是电压反馈还是电流反馈，常见的方法是负载短路判断法：假定输出端负载短路，若反馈量也随之为零，则是电压反馈；若反馈量不为零，则是电流反馈。

图 4-30a 中，如果令负载短路，则输出电压反馈电压 $u_o = 0$，u_f 也为零（$u_f = 0$），故该电路引入的是电压反馈。图 4-30b 中，如果令负载短路，则 i_o 流过 R_f，反馈电压 u_f 存在，故该电路引入的是电流反馈。

（3）串联、并联反馈和判断方法

1）定义。

根据反馈信号在放大器输入端与输入信号连接方式的不同，可以分为串联反馈和并联反馈。反馈信号与输入信号以电压相

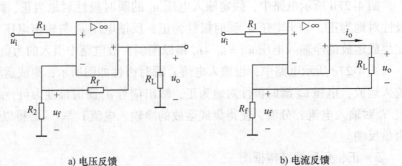

图 4-30　电压反馈和电流反馈的判断

加减的形式出现（即以回路的形式叠加），如图 4-31a 所示，称为串联反馈。反馈信号是以电流形式出现（即以节点的形式叠加），如图 4-31b 所示，称为并联反馈。

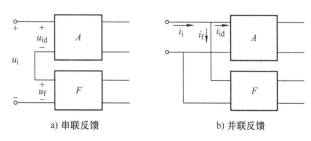

图 4-31　串联反馈和并联反馈

2）判断方法。

根据定义可知，如果反馈信号与输入信号是在输入端的同一个节点处引入，则并联反馈；如果不在同一个节点处引入，则串联反馈。图 4-32a 为串联反馈，图 4-36b 为并联反馈。

3. 负反馈放大电路的四种组态

由于反馈网络在放大电路输出端有电压和电流两种取样方式，在放大电路输入端有串联和并联两种求和方式，因此可以构成四种组态的负反馈放大电路，即电压串联负反馈、电压并联负反馈、电流串联负反馈和电流并联负反馈放大电路。

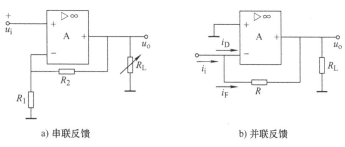

图 4-32　串联反馈和并联反馈的判断

（1）电压串联负反馈放大电路　若从输出电压取样，通过反馈网络得到反馈电压，然后与输入电压相比较，差值作为净输入电压进行放大，则称为放大电路中引入了电压串联负反馈。在图 4-33 电路中，根据瞬时极性法判断可知，该电路为负反馈；假设 $u_o = 0$，反馈信号 $u_f = 0$，故为电压反馈；反馈信号与输入信号不在同一节点引入，故为串联反馈；综上所述，该电路为电压串联负反馈电路。

通过电压负反馈能使输出信号 u_o 不受 R_L 变化的影响，这种电路具有稳定输出电压的作用。

（2）电压并联负反馈放大电路　在图 4-34 电路中，根据瞬时极性法判断可知，该电路为负反馈；假设 $u_o = 0$，反馈信号 $u_f = 0$，故为电压反馈；反馈信号与输入信号在同一节点引入，故为并联反馈；综上所述，该电路为电压并联负反馈电路。同样这类电路也具有稳定输出电压的作用。

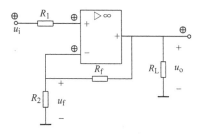

图 4-33　电压串联负反馈放大电路

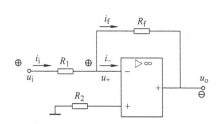

图 4-34　电压并联负反馈放大电路

（3）电流串联负反馈放大电路　在图 4-35 电路中，根据瞬时极性法判断可知，该电路为负反馈；假设 $u_o = 0$，由于 $i_0 \neq 0$，反馈信号 $u_f \neq 0$，故为电流反馈；反馈信号与输入信号不在同一节点引入，说明为串联反馈；综上所述，该电路为电流串联负反馈电路。这类反馈的特点是输出电流 i_o 与负载电阻 R_L 无关，有稳定电流的作用。

（4）电流并联负反馈放大电路　在图 4-36 电路中，根据瞬时极性法判断可知，该电路为负反馈；假设 $u_o = 0$，由于 $i \neq 0$，反馈信号 $u_f \neq 0$，故为电流反馈；反馈信号与输入信号在同一节点引入，说明为并联反馈；综上所述，该电路为电流并联负反馈电路。同样，这类反馈的特点是输出电流 i_o 与负载电阻 R_L 无关。

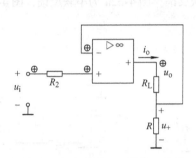
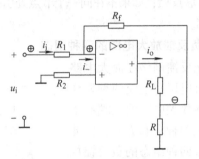

图 4-35　电流串联负反馈放大电路　　　　图 4-36　电流并联负反馈放大电路

4. 负反馈对放大电路性能的影响

在放大电路中引入负反馈，虽然会导致闭环增益的下降，但能使放大电路的许多性能得到改善。例如，可以提高增益的稳定性，扩展通频带，减小非线性失真，改变输入电阻和输出电阻等。具体的影响总结于表 4-6。

表 4-6　负反馈对各类放大电路性能的影响

项目 \ 电路组态	电压串联负反馈	电压并联负反馈	电流串联负反馈	电流并联负反馈
参考电路	图 4-33	图 4-34	图 4-35	图 4-36
输出电阻	减小	减小	增加	增加
输入电阻	增加	减小	增加	减小
非线性失真与噪声	减小	减小	减小	减小
通频带	增宽	增宽	增宽	增宽
用途	电压放大电路的输入级和中间级	电流-电压变换器	电压-电流变换器	电流放大

【任务实施一】　比例放大电路的安装与调试

1. 实训目的

1）学会调试比例运算放大电路的性能。

2）学会选择集成运放组成的各种放大电路中的各元器件的参数。

3）增强专业意识，培养良好的职业道德和职业习惯。

2. 实训设备和器件

1）数字万用表、双踪数字示波器、函数信号发生器、线性直流稳压电源各 1 台。

2）实训电路板 1 块。

3）导线若干。

3. 实训内容与步骤

1）元器件的识别与检测。使用万用表对元器件进行检测，如果发现元器件有损坏，请说明情况，并更换新的元器件。仔细观察芯片 LM358 的外形，判断出它的引脚顺序。

2）反相比例运算放大电路设计与测试。

① 实训电路。在实训板上按照图 4-37 所示的实训电路图搭建电路。

② 电路调试与检测。打开电源，函数信号发生器输出表 4-7 所示的信号，用示波器分别测量输入和输出的波形，把测量的有效值结果记录到表 4-7 中的相应位置。

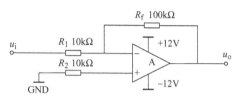

图 4-37　反相比例运算放大电路实训电路

表 4-7　反相比例运算放大电路测量表（$f = 1\text{kHz}$）

U_i/V	0.1	0.5	1.0	1.5
U_o/V				
A_u				

3）同相比例运算放大电路设计与测试。

① 实训电路。在实训板上按照图 4-38 所示的实训电路图搭建电路。

② 电路性能测试。打开电源，函数信号发生器输出表 4-8 所示的信号，用示波器分别测量输入和输出的波形，把测量的有效值结果记录到表 4-8 中的相应位置。

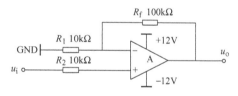

图 4-38　同相比例运算放大电路实训电路

表 4-8　同相比例运算放大电路测量表（$f = 1\text{kHz}$）

U_i/V	0.1	0.5	1.0	1.5
U_o/V				
A_u				

4. 注意事项

1）在断电情况下连接和改接电路。

2）示波器、实验板和电源共地，以减小干扰。

3）注意集成电路的引脚顺序，接入电源的极性要仔细检查。

5. 实训报告与实训思考

1）如实记录测量数据。

2）将理论计算结果和实测结果比较，分析产生误差的原因。

模拟电子电路分析与制作

【任务实施二】 简易混音电路的安装与调试

1. 实训目的

1）学会调试简易混音电路的性能。

2）学会选择集成运放组成的各种放大电路中各元器件的参数。

3）增强专业意识，培养良好的职业道德和职业习惯。

2. 实训设备和器件

1）数字万用表、双踪数字示波器、函数信号发生器、线性直流稳压电源各1台。

2）实训电路板1块。

3）导线若干。

3. 实训内容与步骤

1）元器件的识别与检测。使用万用表对元器件进行检测，如果发现元器件有损坏，请说明情况，并更换新的元器件。仔细观察芯片 LM358 的外形，判断出它的引脚顺序。

2）简易混音电路设计与测试。

① 实训电路。在实训板上按照图 4-39 所示的实训电路图搭建电路。

② 电路调试与检测。操作方法：打开电源，接好 ±12V 直流电源，再给 u_{i1} 和 u_{i2} 分别加大小合适的直流信号，使用数字万用表测量输入、输出电压，把结果记录到表4-9中的相应位置。

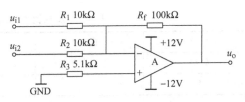

图 4-39　简易混音电路实训电路

表 4-9　反相加法运算放大电路测量表

序　号	U_{i1}/V		U_{i2}/V		U_o/V	
	理论值	实测值	理论值	实测值	理论值	实测值
1	0.1		0.2			
2	0.3		0.3			
3	0.5		0.5			
4	1		1			

4. 注意事项

1）在断电情况下连接和改接电路。

2）示波器、实验板和电源共地，以减小干扰。

3）注意集成电路的引脚顺序，接入电源的极性要仔细检查。

5. 实训报告与实训思考

1）如实记录测量数据。

2）试分析反相加法器测量表中第四种情况下的测量结果。

【拓展知识】　集成运放其他线性应用电路的识别

集成运放的其他线性应用电路比较典型的有积分运算电路、微分运算电路、差分放大电路。其中，积分运算电路和微分运算电路广泛应用于波形的产生和变换，以及仪器仪表中；

108

差分放大电路一般用于放大两个信号的差值，它能有效抑制共模信号，同时可以有效提高输入阻抗，多用于传感检测与仪器仪表输入电路中。

1. 积分运算电路

图4-40所示为反相积分运算电路，由于同相输入端通过电阻 R_p 接地，$u_+ = u_- = 0$，称为"虚地"。电路中电容 C 的电流 i_C 等于电阻电流 i_i，即

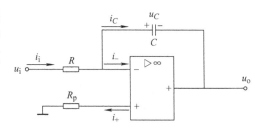

图4-40 积分运算电路

$$i_C = i_i = \frac{u_i}{R}$$

输出电压与电容电压的关系为 $u_o = -u_C$，而电容上的电压等于其电流的积分，即

$$u_o = -\frac{1}{C}\int i_C dt = -\frac{1}{RC}\int u_i dt$$

式中，电阻与电容的乘积称为积分时间常数，用符号 τ 表示，即 $\tau = RC$。在求解 t_1 值时

$$u_o = -\frac{1}{RC}\int_{t_0}^{t_1} u_i dt + u_o(t_0)$$

式中，$u_o(t_0)$ 为在 t_0 时刻积分开始时电容上充的初始电压值，即积分运算的起始值，积分的终值时 t_1 时刻的输出电压。

积分电路输出电压是输入电压的积分，随着输入电压不同，输出电压也表现为不同的形式。该电路除了进行积分运算外，很多情况下还应用在波形变换电路中。当输入 u_i 为常量时，输出为

$$u_o = -\frac{u_i}{RC}(t_1 - t_0) + u_o(t_0)$$

当输入信号为阶跃信号时，若 $u_o(t_0) = 0$，则输出电压波形如图4-41a所示。当输入为方波和正弦波时，输出电压波形分别如图4-41b、c所示。可见，利用积分电路可实际方波-三角波的波形变换和正弦-余弦的波形变换。

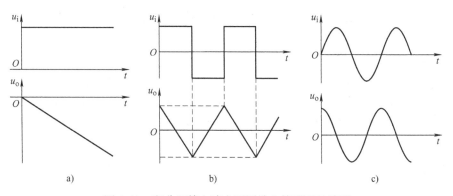

图4-41 积分运算电路在不同输入情形下的波形

2. 微分运算电路

若将图4-40电路中的电阻 R 和电容 C 的位置交换，则可得基本微分运算电路，如图4-42所示。

根据运放的"虚短"和"虚断"，$u_+ = u_- = 0$ 为"虚地"，电容两端电压 $u_C = u_i$，故

$$i_C = i_f = C\frac{du_i}{dt}$$

输出电压为

$$u_o = -i_f R = -RC\frac{du_i}{dt}$$

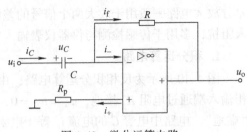

图 4-42 微分运算电路

输出电压与输入电压的变化率成正比。当输入信号没有变化时，输出信号为零。

3. 差分运算电路

差分运算放大电路如图 4-43 所示，此电路有运放 A_1、A_2 组成第一级差分电路，A_3 组成第二级差分减法电路。

第一级电路中，u_1、u_2 分别加到 A_1 和 A_2 的同相端，R_1 和两个 R_2 组成反馈网络，两个运放 A_1、A_2 两输入端形成虚短、虚断，因而有 $u_{R1} = u_1 - u_2$ 和 $u_{R1}/R_1 = (u_3 - u_4)/(2R_2 + R_1)$，因此有

$$u_3 - u_4 = \frac{2R_2 + R_1}{R_1}u_{R1} = \left(1 + \frac{2R_2}{R_1}\right)(u_1 - u_2)$$

根据式(4-6) 可得

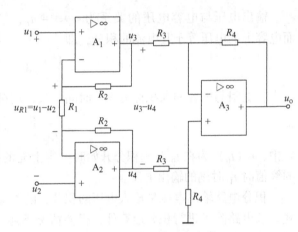

图 4-43 差分运算放大电路

$$u_o = -\frac{R_4}{R_3}(u_3 - u_4) = -\frac{R_4}{R_3}\left(1 + \frac{2R_2}{R_1}\right)(u_1 - u_2) \tag{4-8}$$

特殊情况，当 $R_1 = 2R_2$，$R_3 = 2R_4$ 时，式(4-8) 可以简化成

$$u_o = -(u_1 - u_2) = u_2 - u_1 \tag{4-9}$$

任务三　集成运放在信号处理中的应用

【任务导入】

信号的处理是集成运放一个重要的应用，常见的应用电路主要有有源滤波器、精密二极管整流电路、电压-电流转换电路、电流-电压转换电路等。本任务主要介绍低通滤波器、电压-电流转换电路、电流-电压转换电路。

【任务分析】

本任务重点学习电压-电流转换电路、电流-电压转换电路等信号运算电路，简单学习滤波器的类型及定义，要求能利用已学的相关知识对复杂电路进行简单分析，并要求能对有源滤波器进行检测与调试。

【知识链接】

集成运放在信号处理中的应用比较广泛，可以用于整流、滤波、信号变换、检波等场合，本书主要选取应用最为广泛的电压-电流转电路（$U-I$）、电流-电压转电路（$I-U$）、有源滤波器电路作为重点来介绍。

一、$U-I$、$I-U$ 转换电路

1. $I-U$ 转换电路

$I-U$ 转换电路也称电流-电压转换电路，其作用是将输入电流转换为电压输出的形式。很多传感器采集的信号是以电流的形式输出，为了把传感器输出的电流信号（电流大小一般为 $4\sim20mA$）转换成为电压信号，往往都会在后级电路的最前端配置一个 $I-U$ 转换电路，将电流转换成电压信号，便于后续电路的处理。图 4-44 为一个由 LM324 构成的简易的 $I-U$ 转换电路。其中集成运放 LM324 构成一个电

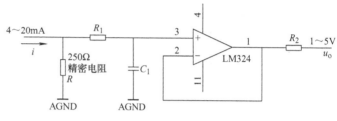

图 4-44　$I-U$ 转换电路

压跟随器，因此 $u_o = iR$，输入电流 i 为 $4\sim20mA$，$R=250\Omega$，当输入电流 $i=4mA$ 时，$u_o = iR = 4mA \times 250\Omega = 1V$；当输入电流 $i=20mA$ 时，$u_o = iR = 20mA \times 250\Omega = 5V$，所以电路可将输入电流 $i(4\sim20mA)$ 转换为输出电压 $u_o(1\sim5V)$。

2. $U-I$ 转换电路

在自动化控制系统中，电路为了驱动（驱动电路）执行机构，通常需要将电压转换为电流，如继电器、蜂鸣器、电动机等。在放大电路中引入电流负反馈，可实现电压-电流的转换，简称 $U-I$ 转换。典型的 $U-I$ 电路如图 4-45 所示，设运放为理想运放，引入负反馈后具有"虚短"和"虚断"的特点，满足

$$u_R = u_+ = u_- = u_i, \quad i_+ = i_- = 0$$

故

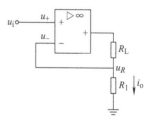

图 4-45　$U-I$ 转换电路

$$i_o = \frac{u_R}{R_1} = \frac{u_i}{R_1}$$

输出电流与输入电压为线性关系，与负载 R_L 无关。由于负载 R_L 浮地，在实际应用中，一般很少采用这种 $U-I$ 转换。图 4-46 所示为具有扩流作用的电压-电流转换电路，也是一个恒流源电路，虽然负载 R_L 浮地，但是负载 R_L 的一端接电源端，在实际中，比较常用。

同样根据运放"虚短"和"虚断"的特点，有 $u_i = u_+ = u_-$，$i_+ = i_- = 0$，故

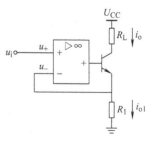

图 4-46　$U-I$ 恒流源电路

$$i_{o1} = \frac{u_i}{R_1}$$

由 $i_o \approx i_{o1}$，即

$$i_o \approx i_{o1} = \frac{u_i}{R_1}$$

根据以上分析，显然电流大小 i_o 与 R_1 成反比，与输入电压 u_i 成正比。

二、有源滤波电路

由 RC 元件与运算放大器组成的滤波器称为 RC 有源滤波器，其功能是让一定频率范围内的信号通过，抑制或急剧衰减此频率范围以外的信号。它可用在信息处理、数据传输、抑制干扰等方面，但因受运算放大器频带限制，这类滤波器主要用于低频范围。根据对频率范围的选择不同，可分为低通（LPF）、高通（HPF）、带通（BPF）与带阻（BEF）四种滤波器，它们的幅频特性如图 4-47 所示。

设截止频率为 f_0，频率低于 f_0 的信号能够通过，频率高于 f_0 的信号被衰减的滤波电路称为低通滤波器，这类滤波器可作为直流电源整流后的滤波电路，以得到平滑的直流电源；频率高于 f_0 的信号能够通过，频率低于 f_0 的信号被衰减的滤波电路称为高通滤波器，这类滤波器可作为交流放大电路的耦合电路，隔离直流成分，只放大频率高于 f_0 的信号。

设低频段的截止频率

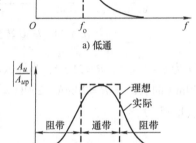
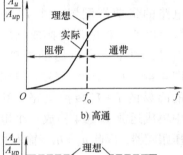
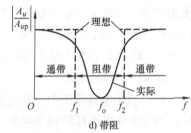

a) 低通 b) 高通 c) 带通 d) 带阻

图 4-47　四种滤波电路的幅频特性示意图

为 f_1，高低频段的截止频率为 f_2，频率为 $f_1 \sim f_2$ 的信号能够通过，频率低于 f_1 和高于 f_2 的信号被衰减的滤波电路称为带通滤波器；频率低于 f_1 和高于 f_2 的信号能够通过，频率为 $f_1 \sim f_2$ 的信号被衰减的滤波电路称为带阻滤波器。下面以低通滤波器为例，介绍有源滤波电路的组成、特点及分析方法。

1. 一阶低通滤波器

图 4-48 所示为一阶低通滤波器，它由 RC 滤波环节与同相比例运算电路组成。
它的传递函数为

$$A_u = \frac{U_o(j\omega)}{U_i(j\omega)} = \left(1 + \frac{R_2}{R_1}\right)\frac{U_+(j\omega)}{U_i(j\omega)} = \left(1 + \frac{R_2}{R_1}\right)\frac{1}{1 + j\omega RC}$$

令 $f_0 = 1/2\pi RC$，得电压增益为

$$A_u = \left(1 + \frac{R_2}{R_1}\right)\frac{1}{1 + j\dfrac{f}{f_0}}$$

式中，f_0 为特征频率。令 $f_0 = 0$，可得通带增益为

$$A_{up} = \left(1 + \frac{R_2}{R_1}\right)$$

当 $f = f_0$ 时，$A_u = A_{up}/\sqrt{2}$，故通带截止频率 $f_p = f_0$。幅频特性如图 4-49 所示，当 $f \gg f_0$ 时，曲线按 $-20dB/$十倍频下降。

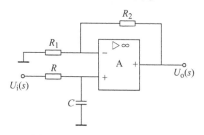

图 4-48　一阶低通滤波电路

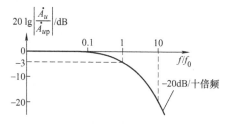

图 4-49　一阶低通滤波电路的幅频特性

2. 二阶低通滤波器

一阶低通滤波器的过渡带较宽，幅频特性的最大衰减斜率仅为 $-20dB/$十倍频。通过增加 RC 环节，可加大衰减斜率。

如图 4-50a 所示，为典型的二阶有源低通滤波器。它由两级 RC 滤波环节与同相比例运算电路组成，其中第一级电容 C_1 接至输出端，引入适量的正反馈，以改善幅频特性。图 4-50b 为二阶低通滤波器幅频特性曲线。

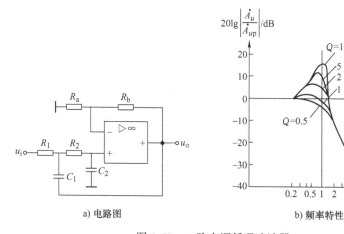

a) 电路图　　　　　　　b) 频率特性

图 4-50　二阶有源低通滤波器

二阶低通滤波器电路性能参数如下。

二阶低通滤波器的通带增益 A_{up} 为

$$A_{up} = 1 + \frac{R_f}{R_1}$$

截止频率是二阶低通滤波器通带与阻带的界限频率 f_0，即

$$f_0 = \frac{1}{2\pi RC}$$

品质因数 Q 的大小影响低通滤波器在截止频率处幅频特性的形状，计算公式为

$$Q = \frac{1}{3 - A_{up}}$$

当 $2 < A_{up} < 3$ 时，$Q > 1$，在 $f = f_0$ 处的电压增益将大于 A_{up}，幅频特性在 $f = f_0$ 处将抬高，如图 4-50b 所示。当 $A_{up} \geq 3$ 时，有源滤波器自激。由于将 C_1 接到输出端，等于在高频端给 LPF 加了一点正反馈，所以在高频端的放大倍数有所抬高，甚至可能引起自激。

【任务实施】 有源滤波电路制作与调试

1. 实训目的

1）熟悉由运放组成的 RC 有源滤波器的构成及其特性。

2）学会有源滤波器的调试、幅频特性的测量方法。

3）增强专业意识，培养良好的职业道德和职业习惯。

2. 实训设备与器件

1）数字万用表、双踪数字示波器、函数信号发生器各 1 台。

2）实训电路板 1 块。

3）导线若干。

3. 实训内容与步骤

（1）元器件的检测 使用万用表对元器件进行检测，如果发现元器件有损坏，请说明情况，并更换新的元器件。

（2）电路制作 在实训板上按照图 4-51 所示的实训电路图搭建电路。

（3）截止频率 由电路参数可计算出 $f_0 = 1/2\pi RC = 15.8\text{kHz}$。

（4）电路调试

1）接通 ±12V 电源。输入端接函数信号发生器，输入有效值为 $U_i = 1\text{V}$ 的正弦波信号 u_i，在滤波器截止频率附近改变输入信号频率，用示波器观察输出电压幅度的变化是否具备低通特性。

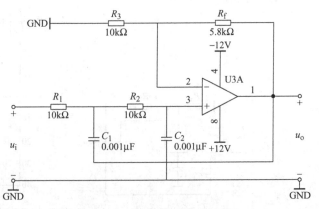

图 4-51 有源滤波器实训电路

2）在输出波形不失真的条件下，选取适当幅度的正弦输入信号，在维持输入信号幅度不变的情况下，逐点改变输入信号频率。测量输出电压，记入表 4-10 中。

表 4-10 稳压电路的数据表（测量 10 个点以上）

频率 f/kHz	0.1	1	5	10	12	15	15.8 (f_0)	16	17	18	19	20	30
输出 U_o/V													

4. 注意事项

1）在连接集成电路时，注意不要把引脚顺序弄混，否则将烧坏器件。

2）禁止带电连接电路。

5. 实训报告与实训思考

1) 如实记录数据，完成实训报告书。

2) 请思考，有源滤波器和无源滤波器有何区别？

【拓展知识】 集成运放典型产品分析

1. 简易电阻测量仪

电阻是电子产品中使用最多的电子元器件之一，如果在生产或维修时，有的电阻的标记不清晰，那么就需要用电阻测量装置（如万用表、专用电阻测量仪等）来测量电阻的阻值。图 4-52 为一个简易电阻测量仪，图 4-53 为相应的电阻测量电路。

电路的核心是由运放 A_1 构成的 $U-I$ 恒流源电路，恒流源的电流输出有 4 种，即 $i_s = u_Z/100$，$i_s = u_Z/1000$，$i_s = u_Z/10000$，$i_s = u_Z/100000$，可通过开关 $S_1 \sim S_4$ 进行切换，对应着电阻 4 个量程，即 100Ω 挡、$1k\Omega$ 挡、$10k\Omega$ 挡和 $100k\Omega$ 挡。进行分量程对电阻测量，目的在于防止晶体管进入饱和状态，提高电阻的测量精度。如选择 100Ω 挡时，测量大于 100Ω 的电阻可能精度会下降甚至不准确，分析如下：选择 100Ω 挡时，假设由 $5V$ 电源供电，$u_Z = 2.5V$，被测电阻 $R_x = 1k\Omega$，则

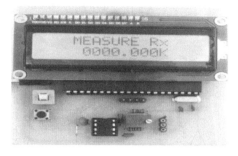

图 4-52 简易电阻测量仪

恒流源 $i_s = u_Z/100 = 25mA$，$u_{Rx} = i_s R_x = 25V$，此时晶体管已经工作在饱和状态，R_x 上的电压将不可能达到 $25V$，甚至远小于 $25V$，那么测出来的电阻就不准确，必须更换量程。

电阻的测量原理：u_Z 为稳压二极管电压，经过恒流源可得 $i_s = u_Z/R_s$，那么被测电阻为 $R_x = (U_{CC} - u_a)/i_s = [(U_{cc} - u_a)R_s]/u_Z$，$u_a$ 的电压可由 A-D 转换器转换后送单片机处理得出，最后将测出的电阻值送显示设备进行显示。

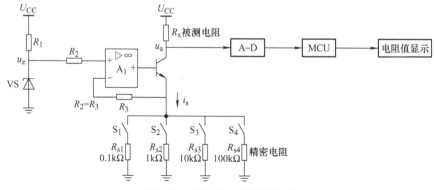

图 4-53 简易的电阻测量电路

2. 简易示波器输入电路

某简易示波器输入电路如图 4-54 所示，从图中可知，该电路主要由滤波器、差分输入电路、反相比例放大电路、电压跟随与阻抗匹配电路构成，这些电路加上后续的 A-D 转换器转换，MCU 处理并显示，就可以制成一个简易数字示波器。

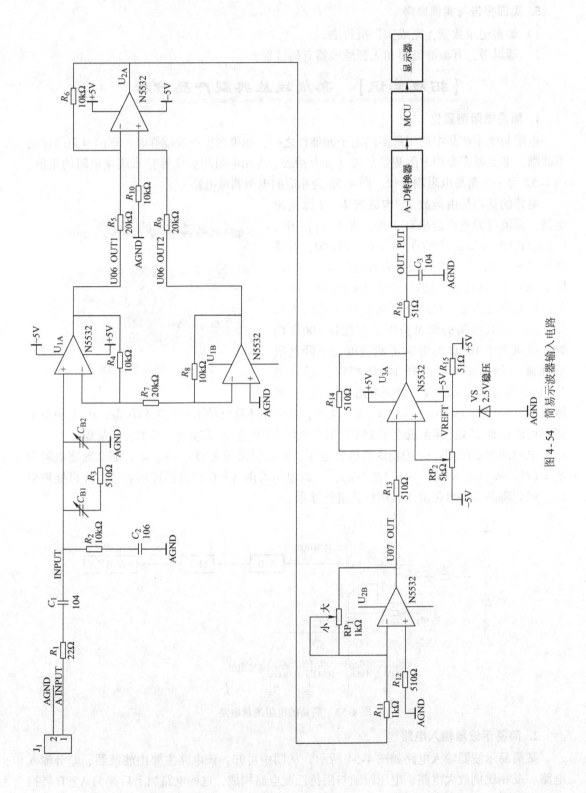

图 4-54 简易示波器输入电路

图中电容 C_1 隔直通交，确保只有交流信号可以进入输入电路。电阻 R_2、R_3，电容 C_2、C_{B1}、C_{B2} 构成输入无源滤波器。集成运放 U_{1A}、U_{1B}、U_{2A}，电阻 $R_4 \sim R_{10}$ 构成差分电路，提高输入阻抗。集成运放 U_{2B}、电阻 R_{11}、R_{12}，可调电位器 RP_1 构成反向比例放大电路，对输入的被测信号的幅度进行调整。集成运放 U_{3A}、电阻 $R_{13} \sim R_{16}$、可调电位器 RP_2、稳压二极管 VS 构成电压跟随与阻抗匹配电路，其中电阻 R_{15}、可调电位器 RP_2、稳压二极管 VS 为 U_{3A} 的同相端提供一个合适的偏置电压，确保 A - D 转换器输入端的信号全部为正值，电阻 R_{16} 为输出匹配电阻，确保输出电阻为 50Ω。

项目实施与评价

1. 实施目的

1）能正确安装简易混音与放大电路。

2）能正确使用集成运放等器件。

3）能正确使用仪表对制作的混音与放大电路进行调试，并解决故障。

4）能组织和协调团队工作。

2. 实施过程

（1）设备与元器件准备

1）设备准备：万用表、示波器、直流稳压电压源、函数信号发生器各 1 台。

2）元器件准备：电路所需要的元器件的名称、规格、数量等见表 4-11。

表 4-11　简易混音与放大电路的元器件清单

名称与代号	型号与规格	封　装	数量	单位
电阻 $R_{15} \sim R_{18}$	10kΩ1/4W	色环直插	4	个
电阻 $R_{19} \sim R_{21}$	2kΩ 1/4W	色环直插	3	个
可调电位器 RP_5	50kΩ	3296W 蓝色直插	1	个
集成运放 U_3	LM358	DIP - 8 直插	1	片
芯片底座	DIP - 8	DIP - 8 直插	1	个
PCB			1	片

（2）电路识读　简易混音与放大电路如图 4-1 所示。

图 4-1 中，混音与放大电路第一级为一个反相加法器，实现两路语音信号的混音。假设 u_{i3} 为第一路语音信号，即麦克语音，u_{i4} 为第二路语音信号，即背景音乐，经过加法器 U_{3A} 得混音输出 u_{o3}。根据反相加法器的运算关系得语音输入 u_{i3}、u_{i4} 与混音输出 u_{o3} 的关系为

$$u_{o3} = -\left(\frac{R_{18}}{R_{15}}u_{i3} + \frac{R_{18}}{R_{16}}u_{i4} \right) = -(u_{i3} + u_{i4})$$

混音放大电路第二级为一个反相比例运算放大电路，实现对混音信号 u_{o3} 的再次放大，混音信号 u_{o3} 经过反相比例放大器 U_{3B} 放大后得放大混音输出 u_{o4}，放大的倍数可通过 RP_5 进行调节，关系满足

$$u_{o4} = -\frac{R_{21} + RP_5}{R_{19}}u_{o3} = \frac{R_{21} + RP_5}{R_{19}}(u_{i3} + u_{i4})$$

（3）简易混音与放大电路的安装与调试

1）元器件检测。用万用表仔细检查电阻器、可调电位器、集成运放等元器件的好坏，防止将性能不佳的元器件装配到电路板上。

2）电路的安装。电路板装配应该遵循"先低后高，先内后外"的原则，对照元器件清单和电路板丝印，将电路所需要的元器件安装到正确的位置。由于电路板为双面板，请在电路板正面安装元器件，反面进行焊接，并确保无错焊、漏焊、虚焊。焊接时要保证元器件紧贴电路板，以保证同类元器件高度平整、一致，制作的产品美观。装配电路的电路板布局如图4-55所示。

3）电路调试。

① 虚短路检测。接通电源，使用数字万用表，分别测量 U_{3A} 的同相端、反相端，测量 U_{3B} 的同相端、反相端电压，应该均为0V，如果不为0V，请仔细检测元器件是否正确装配，必要时可以更换集成运放芯片。

② 混音检测。在放大电路输入端 u_{i3} 接入电压值为1V的直流信号，u_{i4} 接入电压值为2V的直流信号，用数字万用表的直流电压档测量混音输出 u_{o3}，应该为 -3V。

③ 混音放大检测。在放大电路输入端 u_{i3} 接入电压值为0.1V的直流信号，u_{i4} 接入电压值为0.2V的直流信号，用数字万用表的直流电压档测量混音放大后的输出 u_{o4}，调整可调电位器 RP_5，u_{o4} 应该在 0.3～7.8V 内变化。

④ 10倍放大倍数整定。仔细调整 RP_5，使得 u_{o4} 为3V。

（4）编写项目实施报告 参见附录A。

（5）考核与评价

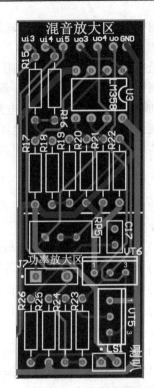

图4-55 简易混音与放大电路装配图

检查项目		考核要求	分值	学生互评	教师评价
项目知识与准备	集成运放的识别	能画出集成运放的符号；能陈述集成运放的主要特性	10		
	集成运放的比例、加减法电路原理分析	能分析电路中每一个元器件的作用和参数计算	20		
	器件选型	能根据计算公式选择恰当的元器件	10		
项目操作技能	准备工作	10min 中内完成仪器、元器件的清理工作	10		
	元器件检测	能独立完成元器件的检测	10		
	安装	能正确安装元器件，焊接工艺美观	10		
	通电调试	能使用正确的仪器分级检测电路；输出信号符合要求	20		
	用电安全	严格遵守电工作业章程	5		
职业素养	实践表现	能遵守安全规程与实训室管理制度；表达能力；9S；团队协作能力	5		
项目成绩					

项 目 小 结

1. 知识能力

1）集成运放是高增益的直接耦合放大电路，它由输入级、中间级、输出级、偏置电路组成，为了有效抑制零点漂移，提高共模抑制比，通常把它的输入级设计成差分电路。

2）集成运放工作在线性状态时，电路中通常引入负反馈，它具有"虚短"和"虚断"两个重要的特性。

3）集成运放工作在非线性区时，电路通常工作在开环或者引入了正反馈，此时"虚断"仍然成立，"虚短"不成立，输出电压有两种可能，即 $+U_{om}$ 或 $-U_{om}$。

4）集成运放应用中，最常见的线性运算电路有反相、同相比例放大电路，反相加法、减法电路等；典型的信号处理有积分电路，$U-I$ 电路，$I-U$ 电路，有源滤波电路。

5）反馈包括正反馈、负反馈，其中负反馈主要有电压串联、电压并联、电流串联、电流并联四中组态，负反馈对电路的性能有重要影响。

2. 实践技能

1）使用万用表检测集成运放的方法。

2）集成运放的基本运算电路的测试方法，常见故障排查方法。

3）有源滤波器的测试方法，常见故障排查方法。

4）混音与放大电路的制作、调试方法。

项 目 测 试

1. 填空题

4-1　集成运放的内部由 _____、_____、_____、_____四部分组成。

4-2　理想集成运放的开环增益 $A_{uo} =$ _____，输入阻抗 $R_{id} =$ _____，输出阻抗 $R_o =$ _____。

4-3　某由理想集成运放组成的基本运算电路为深度负反馈电路，则集成运放的同相输入端电压 u_P 和反相输入端电压 u_N 的关系是 _____，这被称之为 _____；同相输入端电流 i_P 和反相输入端电流 i_N 的关系是 _____，这被称之为 _____。

4-4　集成运放工作在线性区时，必须引入负反馈，反馈网络应该连接在输出端和 _____之间。

4-5　根据反馈的效果可以区分反馈的极性，若反馈量与输入量的极性相同，使反馈放大电路的净输入量增大的反馈称为 _____反馈，若反馈量与输入量的极性相反，使反馈放大电路的净输入量减小的反馈称为 _____反馈。

4-6　某负反馈电路中，假定输出端负载短路，若反馈量也随之为零，则是 _____反馈；若反馈量不为零，则是 _____反馈。

4-7 某负反馈电路中，如果反馈信号与输入信号是在输入端的同一个节点处引入，则_____反馈；如果不在同一个节点处引入，则_____反馈。

2. 选择题

4-8 集成运放一般具有两个工作区，它们是（　　　）。

A. 正反馈区和负反馈区　　　　　　　B. 饱和区和截止区

C. 线性放大区和截止区　　　　　　　D. 线性放大区和非线性区

4-9 理想集成运放在负反馈下，它的两个最重要的特点是（　　　）。

A. 虚短和虚断　　　　　　　　　　　B. 虚短和虚地

C. 虚断和虚地　　　　　　　　　　　D. 同相和反相

4-10 集成运放组成的电压跟随器的输入信号是 u_i，输出电压 u_o =（　　　）。

A. 1　　　　　　B. -1　　　　　　C. u_i　　　　　　D. 0

4-11 集成运放组成的反相比例运算放大电路，它的输入信号是 u_i，输出电压 u_o 可能是（　　　）。

A. 10　　　　　　B. u_i　　　　　　C. $10u_i$　　　　　　D. $-10u_i$

4-12 要使输出电压稳定，应该引入（　　　）。

A. 电压负反馈　　　B. 电流负反馈　　　C. 串联负反馈　　　D. 并联负反馈

4-13 （　　　）运算放大电路可以将方波信号变成三角波信号。

A. 微分　　　　　　B. 积分　　　　　　C. 乘法　　　　　　D. 差分

4-14 负反馈放大电路中既能使得输出电压稳定又有较高输入电阻的负反馈是（　　　）。

A. 电压并联　　　B. 电流并联　　　C. 电压串联　　　D. 电流串联

3. 判断题

4-15 集成运放无论工作在何种状态，虚短和虚断永远成立。　　　　　　（　　　）

4-16 理想集成运放的输入电阻是无穷大，但是实际工程应用中，集成运放的输入电阻不是无穷大，那么在设计电路时，选择的同相端和反相端电阻就不能太大，通常要比集成运放的输入电阻小 10 倍以上，才能确保虚断的成立。　　　　　　（　　　）

4-17 集成运放组成的运算放大电路中，它的反相端都是虚地的。　　　　（　　　）

4-18 根据反馈的效果可以区分反馈的极性，若反馈量与输入量的极性相同，使反馈放大电路的净输入量增大的反馈称为负反馈。　　　　　　（　　　）

4-19 用集成运放组成的电压串联负反馈放大电路，应采用反相输入方式。　（　　　）

4-20 实际应用中，使用集成运放构成线性放大电路时，电阻的阻值可以任意选择，只要比例符合设计要求即可。　　　　　　（　　　）

4. 分析与计算题

4-21 图 4-56 所示的集成运放应用电路中，$R = 10k\Omega$，$u_{i1} = 2V$，$u_{i2} = -3V$，试求输出电压 u_o。

4-22 集成运放应用电路如图 4-57 所示，试求输出电压 u_o。

4-23 集成运放应用电路如图 4-58 所示，请用叠加定理求输出电压 u_o。

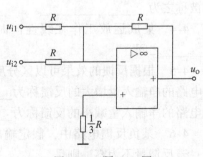

图 4-56　题 4-21 图

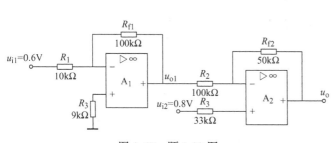

图 4-57 题 4-22 图
图 4-58 题 4-23 图

4-24 如图 4-59 所示电路，请判断它们的反馈类型。

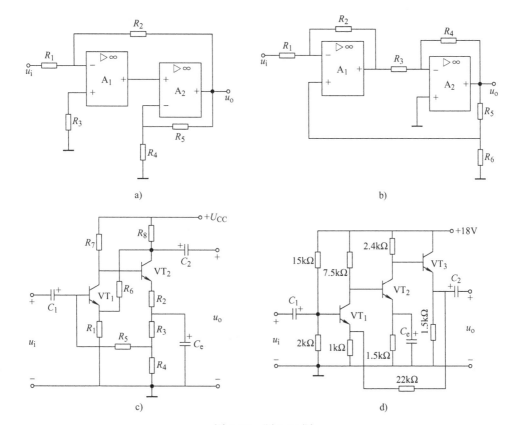

图 4-59 题 4-24 图

项目五　功率放大电路的制作

项目描述

　　一个放大电路中，输出信号往往都要求能够驱动一定的负载，使得负载可以得到一定的功率。比如：电影院音响系统的扬声器、电动机控制绕组等。负载要得到一定的功率，除了具有较大的电压之外，还应该具有一定的输出电流，因此需要将放大电路的输出级设计成具有一定电流放大倍数的放大电路，这类电路一般称之为功率放大电路。本书中典型产品最后一级的功率放大电路采用场效应晶体管实现，电路采用甲乙类双电源互补对称电路的结构，要求最大输出电流为 1.5A，具体电路如图 5-1 所示。

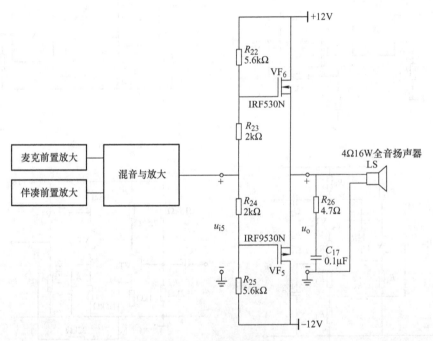

图 5-1　功率放大电路

学习目标

【知识目标】

1）能陈述功率放大电路的作用。

2）能描述功率放大电路的基本类型。

3）能陈述功率放大电路中各元器件的作用等。

【技能目标】

1）能正确识读功率放大器电路。

2）能对功率放大器进行安装。

3）能使用仪器仪表对功率放大器进行调试，并解决故障。

任务一　基本功率放大电路的制作与调试

【任务导入】

前面讲述的放大主要是指电压的放大，目的是获得一定幅度的输出电压信号，而功率放大电路的主要目标是使得负载获得一定的输出功率。为了实现这一目标，核心控制器件一般工作在临界状态，因此它的分析方法不同于前面的放大电路。本任务主要介绍晶体管构成的功率放大电路。

【任务分析】

本任务首先学习功率放大电路的概念、分类等，然后以功率放大电路的输出功率、效率、非线性失真之间的矛盾为主线，重点学习乙类和甲乙类功率放大电路，并要求能对甲乙类功率放大电路进行检测与调试。

【知识链接】

一、功率放大电路概述

1. 功率放大电路的特点

从能量的角度看，功率放大电路与前面学习的电压放大电路并无本质区别。它们都是利用晶体管、场效应晶体管、集成运算放大电路等的控制作用，将直流电源的能量按照输入信号的规律转换成输出信号的能量。但是，由于功率放大电路工作在大信号状态，这就使得它具有工作在小信号状态的电压放大电路不同的特点，这些特点主要如下：

1）功率放大电路的主要任务是向负载提供一定的功率，因而输出电压和电流的幅度都足够大。

2）由于输入、输出信号的电压幅度都较大，因此基本功率放大电路的晶体管等都工作在饱和区和截止区的边沿，因此输出信号很容易失真，甚至可能在一定程度上是存在失真的。

3）功率放大电路在输出大电流时，由于晶体管等消耗的能量将大大增加，因此需要充分考虑晶体管、场效应晶体管等的散热条件。

2. 功率放大电路的要求

根据功率放大电路的作用和特点，首先要求功率放大电路的输出功率大、非线性失真小、效率高。其次，由于晶体管等工作在大信号状态，所以要求它们的极限参数 I_{CM}、P_{CM}、$U_{\mathrm{(BR)CEO}}$ 等应满足电路正常工作的需求，并留有一定余量，同时应确保晶体管等的散热条件，确保晶体管安全工作。

3. 功率放大电路的分类

根据晶体管的静态工作点位置的不同，功率放大电路分为甲类、乙类和甲乙类三种，如图 5-2 所示。

（1）甲类功率放大电路　如图 5-2b 所示，在输入正弦信号的一个周期内，晶体管都导通，都有电流流过晶体管，此时整个周期中都有 $i_C > 0$，此类电路输出失真小，但是电路具有较大的静态电流 I_{CQ}，因此管耗 P_T 较大，效率低，不大于 50%。

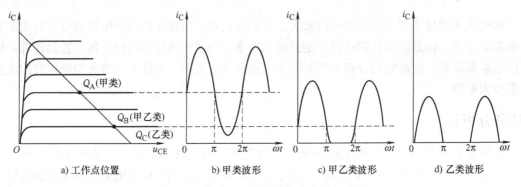

a) 工作点位置　　　b) 甲类波形　　　c) 甲乙类波形　　　d) 乙类波形

图 5-2　功率放大电路的静态工作点与波形

（2）乙类功率放大电路　如图 5-2d 所示，在输入正弦信号的一个周期内，晶体管只有半个周期导通，即晶体管工作在截止状态，此类电路的静态电流和静态功耗均为零，非线性失真大，效率最高可达 78.5%。

（3）甲乙类功率放大电路　如图 5-2c 所示，在输入正弦信号的一个周期内，有半个周期以上但小于一个完整周期晶体管导通，晶体管工作在放大区，但是接近截止区。静态时，晶体管工作在微导通状态，因此静态电流和静态功耗均较小，效率较高，同时又克服了乙类功率放大电路的失真问题，是目前应用较广泛的功率放大电路。

4. 功率放大电路的指标

由于功率放大电路的晶体管通常工作在大信号状态，追求的主要指标不再是电压增益，而主要是输出功率、效率，其次是非线性失真系数。

（1）输出功率 P_o　如果输出电压与输出电流的最大值分别用 U_{om} 和 I_{om} 表示，则输出功率为

$$P_o = \frac{1}{2} U_{om} I_{om} \tag{5-1}$$

（2）效率 η　假设功率放大电路的直流电源提供的功率为 P_V，则效率为

$$\eta = \frac{P_o}{P_V} \tag{5-2}$$

二、几种基本的功率放大电路

1. 乙类互补对称功率放大电路

（1）电路组成与工作原理　乙类互补对称功率放大电路如图 5-3a 所示。该电路由两个射极输出器组成。图中 VT_1 和 VT_2 分别为 NPN 型管和 PNP 型管，两管的基极和发射极互相连接，信号从基极输入，从发射极输出，R_L 为负载。

1）静态分析　静态时，两个晶体管工作在零偏而截止，因此静态电流为零。由于该电路两个晶体管由对管组成，故两个晶体管输出端的静态电压、电流为零。

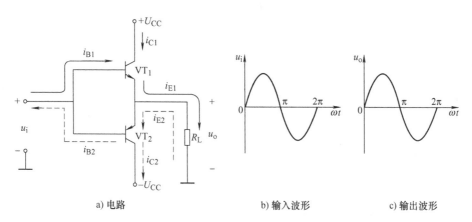

a）电路　　　　　　b）输入波形　　　　　　c）输出波形

图 5-3　乙类互补对称功率放大电路及波形

2）动态分析　假设电路输入信号为如图 5-3b 所示大幅度的正弦信号，VT_1、VT_2 的发射结导通压降为零。在 u_i 的正半周，VT_1 的发射结正偏导通，VT_2 发射结反偏截止。在 u_i 的负半周，VT_2 发射结正偏导通，VT_1 发射结反偏截止。因此，VT_1、VT_2 正负半周轮流导通工作，使得负载 R_L 获得一个完整的正弦波信号，如图 5-3c 所示。

（2）参数计算

1）输出功率 P_o。在上述输入信号作用下，忽略电路的失真，根据定义式（5-1）可得

$$P_o = \frac{1}{2} U_{om} I_{om} = \frac{1}{2} \frac{U_{om}^2}{R_L} \tag{5-3}$$

在输出波形不失真的情况下，输出电压 U_{om} 越大，输出功率 P_o 越大。当晶体管进入临界饱和时，输出电压 U_{om} 达到最大，大小为

$$U_{om} = U_{CC} - U_{CE(Sat)} \approx U_{CC}$$

则电路最大不失真输出功率为

$$P_{om} = \frac{1}{2} \frac{U_{om}^2}{R_L} \approx \frac{1}{2} \frac{U_{CC}^2}{R_L} \tag{5-4}$$

2）直流电源供给功率 P_V。直流电源供给功率计算比较复杂，它的计算公式为

$$P_V = \frac{2 U_{CC} U_{om}}{\pi R_L} \tag{5-5}$$

3）晶体管损耗功率 P_T。由于晶体管 VT_1、VT_2 正负半周轮流导通工作，且两个晶体管对称，故两个晶体管的损耗功率相同，每一个管子的平均损耗功率为

$$P_{T1} = \frac{1}{2}(P_V - P_o) = \frac{1}{R_L}\left(\frac{U_{CC} U_{om}}{\pi} - \frac{U_{om}^2}{4}\right) \tag{5-6}$$

所以，当 $U_{om} \approx \frac{2}{\pi} U_{CC}$，出现最大管耗为

$$P_{Tm1} \approx 0.2 P_{om} \tag{5-7}$$

4）效率 η。

$$\eta = \frac{P_o}{P_V} = \frac{\pi}{4} \frac{U_{om}}{U_{CC}} \tag{5-8}$$

当电路输出最大功率时，即 $U_{om} \approx U_{CC}$，则

$$\eta_m = \frac{\pi}{4} \frac{U_{om}}{U_{CC}} \approx \frac{\pi}{4} = 78.5\% \tag{5-9}$$

（3）功率放大晶体管的选型　由于晶体管一个工作，另一个截止，所以每一个晶体管的 $u_{CE(max)} = 2U_{CC}$，$i_{cmax} = U_{CC}/R_L$，且 $P_{Tml} \approx 0.2 P_{om}$，所以功率放大晶体管的选择必须遵守以下原则：

1）每个晶体管集电极最大允许功耗 $P_{CM} \geqslant 0.2 P_{om}$；

2）通过晶体管的最大集电极电流为 $I_{cm} \geqslant \dfrac{U_{CC}}{R_L}$；

3）晶体管的最大反向耐压值 $|U_{(BR)CEO}| \geqslant 2U_{CC}$。

需要注意的是，以上条件均是极限参数，在实际工程应用中，应当按照以上其极限参数的 $1.5 \sim 2$ 倍选择，以保留充分的余地。

2. 甲乙类双电源互补对称功率放大电路

（1）交越失真与消除

1）交越失真。实际工程应用中，图 5-3a 所示电路中的 VT_1、VT_2 一般为硅管，它们的发射结导通压降为 0.7V 左右。由前面分析知，静态时两个晶体管都工作在截止区，当输入端输入电压信号小于死区电压即 $|u_i| < 0.5V$ 时，晶体管 VT_1、VT_2 仍然不导通，输出电压 u_o 为零，这样输入信号正负半周的交界处（穿过零点时的附件区间），将无信号或比 u_i 小的信号输出，使得输出波形失真，这种失真被称为**交越失真**。这样图 5-3a 的输出波形将变成图 5-4 所示。

2）交越失真消除。为了消除交越失真，应为两个晶体管提供一个偏置电压，使得晶体管处于微导通状态，解决的方法比较多，其中典型的是利用二极管的饱和导通压降使得晶体管工作在甲乙类，这就得到了甲乙类双电源互补对称放大电路，如图 5-5 所示。

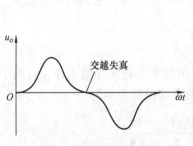

图 5-4　交越失真波形

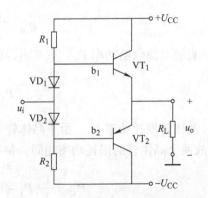

图 5-5　甲乙类双电源互补对称放大电路

（2）甲乙类双电源互补对称放大电路的工作原理　与乙类互补对称功率放大电路对比，该电路增加了 R_1、VD_1、VD_2、R_2 支路，假设图中的晶体管、二极管均为硅材料制成。

静态时，忽略晶管 VT_1、VT_2 的基极静态电流，则 $+U_{CC}$、$-U_{CC}$、R_1、VD_1、VD_2、R_2 构成串联分压支路，二极管 VD_1、VD_2 正向导通，晶体管 VT_1 的基极将得到一个 $0.6\sim0.7V$ 的直流电压，VT_2 的基极将得到一个 $-0.7\sim-0.6V$ 的直流电压，这将使得 VT_1、VT_2 的发射结均处于微弱导通状态，因为电路结构对称，VT_1 和 VT_2 的静态工作电流相等，负载上没有静态电流，输出电压 $u_o=0$。

动态时，因为二极管 VD_1 和 VD_2 动态电阻很小，可认为 VT_1、VT_2 的基极交流电位基本相等（即 b_1 和 b_2 对交流信号而言是等电位的），当信号处于正半周期时，u_{BE1} 增加，VT_1 进入良好的导通状态，VT_2 截止；当信号处于负半周期时，b_2 点电位降低，u_{BE2} 降低，VT_2 进入良好的导通状态，VT_1 截止。

根据上述分析，VT_1、VT_2 的导通时间都大于半个周期，即有一定的交替时间，使得波形变平滑，从而克服了交越失真，电路的工作状态为甲乙类，所以称为甲乙类双电源互补对称放大电路。

（3）电路参数计算　采用二极管消除交越失真的甲乙类双电源互补对称放大电路，其工作点仅仅比乙类双电源互补对称放大电路略高，可以忽略不计，因此功率、效率计算完全可以用乙类互补对称功率放大电路计算公式代替。

3. 甲乙类单电源互补对称放大电路

（1）电路结构　如图 5-6 所示，电路由单电源供电。通过选择合适的电阻使得 $R_1=R_2=R$，同时 VD_1、VD_2 参数相同，VT_1、VT_2 互补，电路将处于对称状态，从而保证 A、B 点电压为 $U_{CC}/2$，因此在输入、输出端需要增加电容 C_1、C_2 隔断直流，确保前后级电路工作点相互独立。

（2）电路分析　静态时，VD_1、VD_2 确保晶体管 VT_1、VT_2 微导通。动态时，在输入信号的正半周时，VT_1 导通，VT_2 截止，U_{CC} 通过 VT_1 向负载 R_L 提供电流 $i_o=i_{e1}\approx i_{c1}$，负载 R_L 得到正半周输出电压，同时向 C_2 充电；在信号负半周，VT_1 截止，VT_2 导通，电容 C_2 上的电压代替负电源的作用向 VT_2 提供电流 $i_o=i_{e2}\approx i_{c2}$，负载电阻 R_L 得到负半周输出电压。由于 C_2 容量很大，C_2 充、放电时间常数远大于输入信号周期，C_2 上的电压可认为近似不变，始终保持为 $U_{CC}/2$。因此，VT_1、VT_2 的等效直流电源电压都是 $U_{CC}/2$。

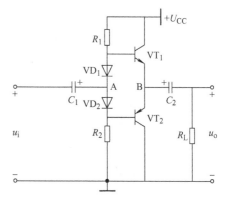

图 5-6　甲乙类单电源互补对称放大电路

（3）电路参数计算　采用单电源的互补对称电路，每个管子的工作电压不是 U_{CC}，而是 $U_{CC}/2$，其工作过程与双电源电路相同，功率、效率计算只需将乙类互补对称功率放大电路计算公式中的 U_{CC} 用 $U_{CC}/2$ 代替即可。

【例 5-1】 电路如图 5-6 所示，已知电源电压 $U_{CC}=12V$，负载为 8Ω 的扬声器，输入信号为正弦信号。请问：

（1）假设晶体管的 $U_{CE(Sat)}$ 可以忽略，负载可能得到的最大输出功率和最大能量转换效率是多少？

（2）当输入信号 $u_i=4\sin\omega t\,V$ 时，求负载得到的实际功率和能量转换效率。

解：（1）由于电路是单电源功率放大电路，因此 VT_1、VT_2 的实际等效直流电源电压都是 6V，输出最大值 $U_{om} \approx U_{CC}/2 = 6V$，根据式（5-4）可得

$$P_{om} = \frac{1}{2} \frac{U_{om}^2}{R_L} \approx \frac{1}{2} \frac{\left(\dfrac{U_{CC}}{2}\right)^2}{R_L} = \frac{1}{2} \frac{(6V)^2}{8\Omega} = 2.25W$$

根据式（5-9）可得

$$\eta_m \approx \frac{\pi}{4} = 78.5\%$$

（2）功率放大电路为电压跟随器，电压放大倍数为 1，因此

$$u_o = u_i = 4\sin\omega t\,V$$

可得 $U_{om} = 4V$，根据式（5-3）可得

$$P_{om} = \frac{1}{2} \frac{U_{om}^2}{R_L} = \frac{1}{2} \frac{(4V)^2}{8\Omega} = 1W$$

根据式（5-8）可得

$$\eta_m = \frac{\pi}{4} \frac{U_{om}}{\left(\dfrac{U_{CC}}{2}\right)} = \frac{\pi}{4} \times \frac{4}{6} \approx 52.33\%$$

【任务实施】 甲乙类单电源互补对称放大电路制作与调试

1. 实训目的

1）能熟练掌握功率放大电路中晶体管静态工作点的测试方法。

2）能使用函数信号发生器、示波器和万用表等对电路进行检测。

3）增强专业意识，培养良好的职业道德和职业习惯。

2. 实训设备和器件

1）数字万用表、双踪数字示波器、直流稳压电源、函数信号发生器各 1 台。

2）实训电路板 1 块。

3）导线若干。

3. 实训内容与步骤

1）电路连接。

操作方法：在图 5-7 中，画出仪器与电路连接图，并按图接好电路（选择 100Ω 的电阻作为负载）。

2）静态工作点测试。

接通电源，令输入信号 u_i 为零（即输入信号对地短路），分别测试 U_{B1}、U_{C1}、U_{E1}、U_{B2}、U_{C2}、U_{E2} 的值。将数据记录于表 5-1 中。

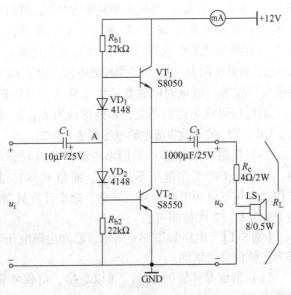

图 5-7 小功率放大实训电路

表 5-1　静态工作点测试表

晶体管	U_B	U_C	U_E
VT_1			
VT_2			

3）最大不失真功率的测量。

测量方法：电路输入端加入 $f=1kHz$ 的正弦信号 u_i，当负载为 100Ω 时，调节输入信号 u_i 的大小，使输出电压最大且不出现饱和失真（即工作在最大不失真状态），用示波器测试负载两端的电压大小，记录 u_i、u_o、R_L 的数值，用万用表测量电源电压 U_{CC} 和电源电流 I_{CC}，计算 A_u、P_{om}、P_V 和效率 η，并将结果记录于表 5-2 中。

表 5-2　最大不失真功率的测量与计算表

u_{ip-p}	u_{op-p}	R_L	A_u	P_{om}	P_V		η
					I_{CC}	U_{CC}	

4）交越失真波形观察。

测量方法：保持上一步状态不变，使用导线把二极管 VD_1 的负极和正极短接，VD_2 的负极和正极短接，观察交越失真现象，并在图 5-8 中记录波形。

5）实际感受信号频率与音调、信号幅度与音量之间的关系。

测量方法：断开二极管 VD_1 和 VD_2 上的短接线，将负载改成串联一个 4Ω 电阻的扬声器，并将输入信号调节为 $f=1kHz$ 的正弦信号，逐步调节输入信号的幅度，边听扬声器发出的声音音量的变化；将输入信号峰-峰值调节到 $u_{ip-p}=4V$ 不变，改变信号频率从 $10Hz\sim30kHz$，感受声音音调的变化。

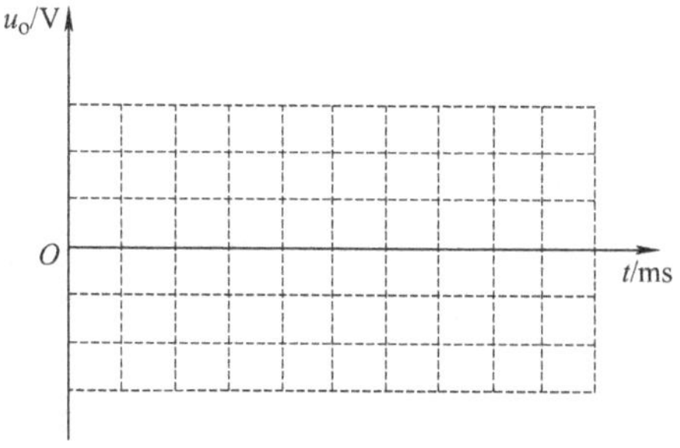

图 5-8　交越失真波形

4. 注意事项

1）在断电情况下连接和改接电路。

2）示波器、实验板和电源共地，以减小干扰。

3）使用万用表用测量电压和电流时要注意调节档位、量程和极性。

5. 实训报告与实训思考

1）如实记录数据，完成实训报告书。

2）甲乙类功率放大电路中二极管起什么作用？如果没有二极管，输出波形会怎么样？

3）请思考为什么实训电路在最大输出情况下，效率达不到理论值？

【拓展知识】　场效应晶体管功率放大电路

1. 电路图

场效应晶体管功率放大电路如图 5-9 所示。图中 u_i 为输入大电压信号，$+U_{CC}$、$-U_{CC}$、R_1、R_2、R_3、R_4 构成串联分压电路，为 VF_1、VF_2 的栅极提供合适的电压，确保场效应晶体管静态时工作在微导通状态。R_5、C_1 组成容性负载，消除扬声器音圈电感的感性负载，LS 为扬声器，u_o 为输出电压。为了确保电路的对称性，通常 VF_1、VF_2 为对管，$R_1 = R_4$，$R_2 = R_3$。

2. 主要电路参数选择

如果图 5-9 中 VF_1 选用 IRF530N，VF_2 选用 IRF9530N，供电电源为 +12V、－12V，查找资料可得 IRF530N、IRF9530N 的栅-源开启电压 $U_{GS(TH)} = 2 \sim 4V$，选用典型值 3V，计算可得 $R_1 = 3R_2$，$R_3 = 3R_4$。

3. 主要优缺点

（1）优点

1）场效应晶体管同时具有电子管纯厚、甜美的音色，以及动态范围达 90dB、THD < 0.01%（100kHz 时）的优点；

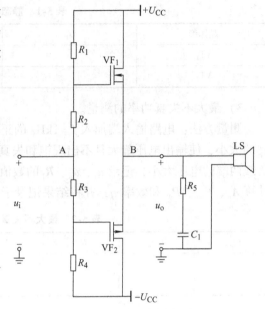

图 5-9　场效应晶体管功率放大电路

2）场效应晶体管功放电路具有激励功率小、输出功率大、输出漏极电流具有负温度系数、安全可靠，且有工作频率高、偏置简单等优点。

3）中音厚，没有晶体管那么大的交越失真。

4）场效应晶体管的线性比晶体管好。

（2）缺点

1）低频的柔和度比晶体管差，场效应晶体管容易过载损坏。

2）场效应晶体管栅-源开启电压太高，通常在 3V 左右。

3）MOS 管不好配对。

4）MOS 管的低频音质太硬。

任务二　集成功率放大电路的制作与调试

【任务导入】

集成功率放大电路简称集成功放，是在集成运放的基础上发展起来的。由于集成功放使用简单，调试容易，目前市场上的主要功率放大场合，如车载功放、电视机、开关功率电路、伺服放大电路等大都使用专门的集成功放电路。本任务主要以 TDA2030 为例介绍集成功率放大电路。

【任务分析】

本任务首先学习识别集成功放 TDA2030，然后重点学习 TDA2030 的两种典型应用电路，能根据电路中各元器件的作用，根据需求恰当地调整参数，并要求能对 TDA2030 构成的单电源功率放大电路进行检测与调试。

【知识链接】

一、TDA2030 集成功率放大器的识别

TDA2030A 是德律风根生产的音频功放电路，采用 V 型 5 脚单列直插式塑料封装结构，如图 5-10 所示。该集成电路广泛应用于汽车立体声收录音机、中功率音响设备，具有体积小、输出功率大及失真小等特点，有内部保护电路。意大利 SGS 公司、美国 RCA 公司、日本日立公司、NEC 公司等均有同类产品生产，虽然其内部电路略有差异，但引脚位置及功能均相同，可以互换。

1. 引脚与功能

TDA2030 采用 5 脚封装，电路内部设有短路和过热保护。引脚定义如图 5-11 所示。

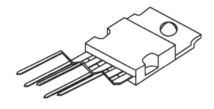

图 5-10　TDA2030 塑料封装结构

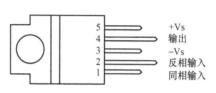

图 5-11　TDA2030 引脚定义

2. 主要电气参数

TDA2030A 的主要电气参数见表 5-3。

表 5-3　TDA2030A 电气参数（$U_{CC} = \pm 14V$，$T_a = 25℃$）

参 数 名 称	符号	测 试 条 件	最小值	典型值	最大值	单位
电源电压	U_{CC}		± 6		± 18	V
静态电源电流	I_{CCQ}	$U_{CC} = \pm 18V$		40	60	mA
电源电流	I_{CC}	$P_O = 14W$，$R_L = 4\Omega$		900		mA
		$P_O = 9W$，$R_L = 8\Omega$		500		
输出功率	P_d	$G_{VC} = 30dB$，$f = 40 \sim 15000Hz$ $R_L = 4\Omega$	12	15		W
		$R_L = 8\Omega$	8	10		
输入阻抗	R_i	（1）脚	0.5	5		MΩ
闭环电压增益	G_{VC}	$f = 1kHz$	29.5	30	30.5	dB

二、TDA2030 集成功率放大电路分析

1. 典型电路

TDA2030 芯片的典型应用电路有双电源供电和单电源供电两种，电路如图 5-11 所示。

1）双电源电路。在双电源工作模式下，如图 5-12a 所示，图中 R_2、R_3、C_2 构成交流电压负反馈，稳定输出电压，所以电压增益为

$$A_u = 1 + \frac{R_3}{R_2}$$

为了确保输入平衡，通常要求 $R_1 = R_3$。

2）单电源电路。在双电源工作模式下，如图 5-12b 所示，图中 $R_2 = R_3$ 构成分压电路，保证 $U_- = U_+ = U_o = U_{CC}/2$，$R_4$、$R_5$、$C_3$ 构成交流电压负反馈稳定输出电压，所以电压增益为

$$A_u = 1 + \frac{R_5}{R_4}$$

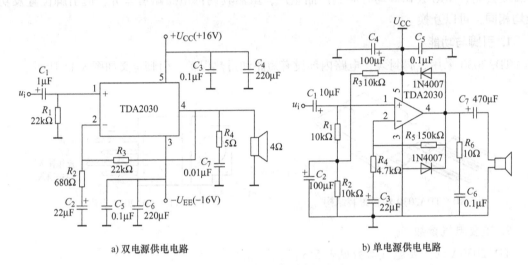

a) 双电源供电电路　　　　　　　b) 单电源供电电路

图 5-12　TDA2030 典型应用电路

2. 两种典型电路中各元器件的作用

双电源供电电路中各元器件作用见表 5-4，单电源供电电路中各元器件作用见表 5-5。

表 5-4　双电源供电电路中各元器件作用

元器件	推荐值	作　　用	比推荐值大时，对电路的影响	比推荐值小时，对电路的影响
R_3	22kΩ	闭环增益设置	增大增益	减小增益
R_2	680Ω	闭环增益设置	减小增益	增大增益
R_1	22kΩ	同相输入偏置	增大输入阻抗	减小输入阻抗
R_4	5Ω	移相，稳定频率	感性负载有振荡危险	
C_1	1μF	输入隔直		提高低频截止频率
C_2	22μF	反相隔直		提高低频截止频率
C_3	0.1μF	高频退耦		有振荡危险
C_4	220μF	低频退耦		有振荡危险
C_5	0.1μF	移相，稳定频率		有振荡危险
C_6	220μF	低频退耦		有振荡危险
C_7	0.01μF	输出隔直		提高低频截止频率

表 5-5 单电源供电电路中各元器件作用

元器件	推荐值	作　用	比推荐值大时，对电路的影响	比推荐值小时，对电路的影响
R_5	150kΩ	闭环增益设置	增大增益	减小增益
R_4	4.7kΩ	闭环增益设置	减小增益	增大增益
R_1	10kΩ	同相输入偏置	增大输入阻抗	减小输入阻抗
R_6	10Ω	移相，稳定频率	感性负载有振荡危险	
R_2、R_3	10kΩ	同相输入端偏置		电源消耗增大
C_1	10μF	输入隔直		提高低频截止频率
C_3	22μF	反相隔直		提高低频截止频率
C_2	100μF	高频退耦		有振荡危险
C_4	100μF	输入隔直		提高低频截止频率
C_5	0.1μF	低频退耦		有振荡危险
C_6	0.1μF	输出隔直		提高低频截止频率
C_7	470nF	移相，稳定频率		有振荡危险
VD_1、VD_2	1N4007	输出电压正负限幅保护		

【任务实施】 集成功率放大器的安装与调试

1. 实训目的

1）认识集成功放 TDA2030。

2）会集成功放电路的安装、测量和调试。

3）增强专业意识，培养良好的职业道德和职业习惯。

2. 实训设备和器件

1）仪器清单：数字万用表、双踪数字示波器、函数信号发生器、线性直流稳压电源各1台。

2）其他设备清单：恒温电烙铁1只、烙铁架1个、焊锡丝若干、松香1盒、集成功放电路板1块。

3）导线若干。

3. 实训内容与步骤

1）识读电路图。实验电路图如图 5-12b 所示，请识读电路图，并按照电路图领取元器件。

2）元器件的识别与检测。使用万用表对元器件进行检测，如果发现元器件有损坏，请说明情况，并更换新的元器件。

3）电路制作。在实训板上按照图 5-12b 所示的实训电路图搭建电路。

4）电路调试与检测。

静态测试：电源接入 12V 直流电源，$u_i = 0$，利用提供的仪表测量功放芯片 TDA2030 各引脚的对地电压，将结果填入表 5-6 中。

表 5-6 静态测量数据表

	1 脚	2 脚	3 脚	4 脚	5 脚
电压测试值/V					

动态测试：电源接入 12V 直流电源，输入端接入频率为 1kHz，峰-峰值为 0.1V 的正弦波信号，用示波器观察输出波形，并将波形绘制到图 5-13 中。

4. 注意事项

1）使用电烙铁进行焊接操作时，一定要严格遵守使用规则，不要对自己、他人和仪器设备等造成不必要的损伤。

2）电路安装时，一定要注意极性器件的安装方向。

3）电路安装好后，进行通电前的检测，检查电路板电源有无短路、线路连接是否可靠。

5. 实训报告与实训思考

1）如实记录测量数据。

2）分析实训电路的静态工作点和电压放大倍数。

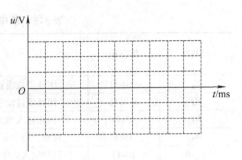

图 5-13　输出波形图

项目实施与评价

一、功率放大器制作与调试

1. 实施目的

1）能正确安装功率放大电路。

2）能正确使用场效应晶体管等器件。

3）能正确使用仪表对制作的功率放大器进行调试，并解决故障。

4）能组织和协调团队工作。

2. 实施过程

（1）设备与元器件准备

1）设备准备：万用表、示波器、函数信号发生器各 1 台。

2）元器件准备：电路所需要的元器件的名称、规格、数量等见表 5-7。

表 5-7　功率放大器的元器件清单

名称与代号	型号与规格	封　装	数量	单位
电阻 R_{22}、R_{25}	5.6kΩ 1/4W	色环直插	2	个
电阻 R_{23}、R_{24}	2kΩ 1/4W	色环直插	2	个
电阻 R_{26}	4.7Ω 1/4W	色环直插	1	个
陶瓷电容 C_{17}	0.1μF/50V	直插	1	个
全音扬声器 LS	4Ω16W 全音扬声器		1	个
场效应晶体管 VF_5	IRF9530N	直插 TO-220	1	片
场效应晶体管 VF_6	IRF530N	直插 TO-220	1	片
PCB			1	片

（2）电路识读　功率放大器电路如图 5-1 所示。图中 u_{i5} 是经过前置放大、混音放大后的电压信号，该信号具有足够大的幅度值，+12V、-12V、R_{22}、R_{23}、R_{24}、R_{25} 构成串联分压电路，为 VF_6、VF_5 的栅极分别提供3V、-3V 左右的电压，确保场效应晶体管静态时工作在微导通状态。R_{26}、C_{17} 组成容性负载，消除扬声器音圈电感的感性负载，LS 为扬声器，u_o 为输出电压。

（3）功率放大器的安装与调试

1）元器件检测。用万用表仔细检查电阻器、电容器、场效应晶体管等元器件的好坏，防止将性能不佳的元器件装配到电路板上。

2）电路的安装。电路板装配应该遵循"先低后高，先内后外"的原则，对照元器件清单和电路板丝印，将电路所需要的元器件安装到正确的位置。由于电路板为双面板，请在电路板正面安装元器件，反面进行焊接，并确保无错焊、漏焊、虚焊。焊接时要保证元器件紧贴电路板，以保证同类元器件高度平整、一致，制作的产品美观。装配电路的电路板布局如图 5-14 所示。

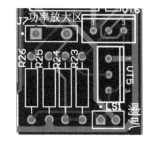

图 5-14　功率放大器装配图

（4）编写项目实施报告　参见附录 A。

（5）考核与评价

检 查 项 目		考 核 要 求	分值	学生互评	教师评价
项目知识与准备	功率放大电路的识别	能说出各种功率放大电路的特征	10		
	甲乙类功率放大电路的原理分析	能分析电路中每一个元器件的作用和参数计算	20		
	器件选型	能根据计算公式选择恰当的元器件	10		
项目操作技能	准备工作	10min 中内完成仪器、元器件的清理工作	10		
	元器件检测	能独立完成元器件的检测	10		
	安装	能正确安装元器件，焊接工艺美观	10		
	通电调试	能使用正确的仪器分级检测电路；输出信号符合要求	20		
	用电安全	严格遵守电工作业章程	5		
职业素养	实践表现	能遵守安全规程与实训室管理制度；表达能力；9S；团队协作能力	5		
项目成绩					

二、系统联调

1. 实施目的

1）能正确组装系统。

2）能正确使用仪表对制作的系统进行调试，并解决故障。

3）能组织和协调团队工作。

2. 实施过程

1）设备准备：万用表、示波器、函数信号发生器各 1 台。

2）电路识读。具有混音功能的低频功率放大器产品的完整电路如图 5-15 所示，完整 PCB 版图如图 5-16 所示。

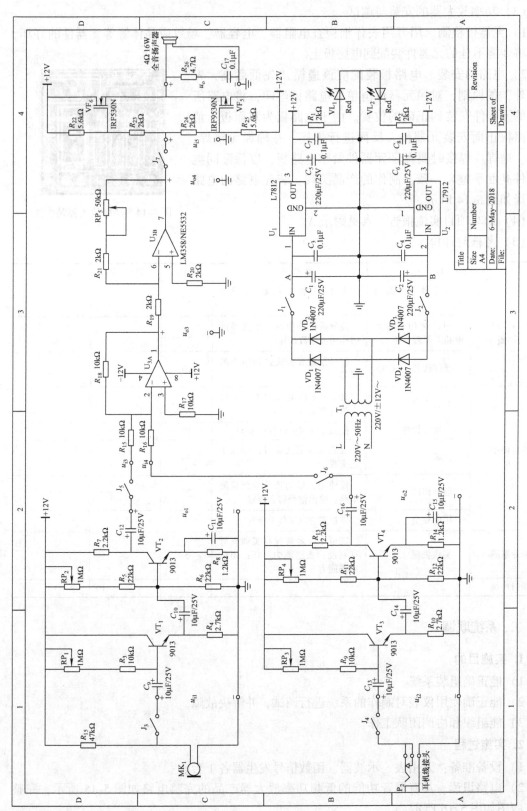

图5-15 具有混音功能的低频功率放大器产品完整电路图

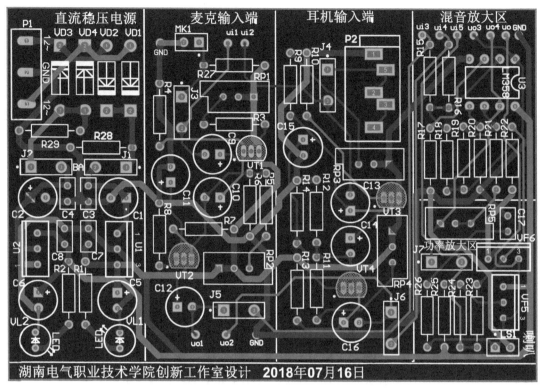

图 5-16　产品完整 PCB 版图

3）产品联调。

① 把跳线 J_5、J_6、J_7 焊接好，在 u_{i1} 处接入 1kHz，峰–峰值为 30mV 的正弦信号，u_{i2} 对地短接用示波器分别测量 u_{i1} 和 u_o，改变 RP_5，使得总的电压放大倍数为 500。

② 在 u_{i2} 处接入 1kHz、峰–峰值为 30mV 的正弦信号，u_{i1} 对地短接用示波器分别测量 u_{i2} 和 u_o，判断总的电压放大倍数是否约为 500。

③ 把跳线 J_3 焊接好，对 MK_1 进行讲话或者歌唱，在扬声器处能否听到放大的声音。

④ 把跳线 J_4 焊接好，把计算机或手机中存储的电子音乐通过音频线接入语音座 P_2 中，在扬声器处能否听到放大的音乐。

⑤ 把计算机或手机中存储的伴奏通过音频线接入语音座 P_2 中，同时对着 MK_1 歌唱，就可以进行 K 歌了。

4）编写项目实施报告，参见附录 A。

5）考核与评价。

检查项目		考核要求	分值	学生互评	教师评价
项目知识 与准备	产品完整电路的 识别	能说出各种放大电路的特征	20		
	仪器选型	能根据测试需求选择合适的 仪器	20		

（续）

检查项目		考核要求	分值	学生互评	教师评价
项目操作技能	准备工作	10min 中内完成仪器、元器件的清理工作	10		
	安装	能正确安装元器件，焊接工艺美观	10		
	通电调试	能使用正确的仪器分级检测电路；输出信号符合要求	30		
	用电安全	严格遵守电工作业章程	5		
职业素养	实践表现	能遵守安全规程与实训室管理制度；表达能力；9S；团队协作能力	5		
项目成绩					

项目小结

1. 知识能力

1) 功率放大电路主要追求的两个指标是输出功率和电源能量转换效率。

2) 根据功率管工作的状态，可以将功率放大电路分为三大类：甲类、乙类、甲乙类。其中甲类效率最低，乙类效率最高，甲乙类效率在前两者之间。

3) 乙类功率放大电路存在交越失真，甲乙类功率放大电路由于引入了二极管等电路，使得晶体管静态时工作在微导通状态，有效消除了交越失真。

4) 乙类双电源互补对称功率放大器输出功率、效率可以使用式(5-3)、式(5-8) 计算，甲乙类双电源互补对称功率放大电路的晶体管静态时工作在微导通状态，其输出功率、效率也可以使用式(5-3)、式(5-8) 近似计算。对于甲乙类单电源功率放大电路的晶体管实际等效电源为 $U_{CC}/2$，因此输出功率、效率的计算将式(5-3)、式(5-8) 中的 U_{CC} 换成 $U_{CC}/2$ 即可。

2. 实践技能

1) 甲乙类单电源功率放大电路的测试方法，常见故障排查方法。

2) 集成功率放大器的测试方法，常见故障排查方法。

3) 模拟电子系统联调的步骤和方法，常见故障排查方法。

项目测试

1. 填空题

5-1　根据晶体管的工作状态不同，功率放大电路可以分为＿＿＿＿＿＿＿、＿＿＿＿＿＿＿、＿＿＿＿＿＿＿三类。

5-2　甲类功率放大器的最大能量转换效率为＿＿＿＿＿＿＿，乙类功率放大器的最大能量转换效率为＿＿＿＿＿＿＿。

5-3　乙类功率放大器中的功放管静态时工作在＿＿＿＿＿＿＿＿状态，因此输出电压存在＿＿＿＿＿＿＿＿失真，可以通过使用二极管的导通电压为晶体管提供合适的微导通电压的方案来解决。

5-4　功率放大器中的功放管通常处于极限工作状态，因此在选择功放管时要特别注意＿＿＿＿＿＿＿＿、＿＿＿＿＿＿＿＿和＿＿＿＿＿＿＿＿参数。

2. 选择题

5-5　功率放大电路一定时，提高功率放大器输出功率最有效的途径是（　　　）。

A. 提高电源电压　　　　　　　　B. 提高静态工作点电流

C. 增加负载 R_L　　　　　　　　D. 更换电路

5-6　甲乙类功放电路克服了乙类功放电路的（　　　）失真。

A. 截止　　　　　　　　　　　　B. 饱和

C. 交越　　　　　　　　　　　　D. 截顶

5-7　由晶体管构成的互补对称功率放大电路中，两个晶体管的电路类型是（　　　）。

A. 共发射极形态　　　　　　　　B. 共集电极形态

C. 共基极形态　　　　　　　　　D. 差分电路

5-8　下列放大电路中，非线性失真最大的是（　　　）。

A. 甲类功放　　　　　　　　　　B. 乙类功放

C. 甲乙类功放　　　　　　　　　D. 共发射极放大电路

3. 判断题

5-9　要求功率放大器的输出功率大和非线性失真小是一对矛盾。（　　　）

5-10　晶体管构成的功率放大电路的输出功率越大，晶体管静态工作点越高。（　　　）

5-11　当功率放大电路的电路结构和参数一定时，输出负载成为了主要约束输出功率的因素。（　　　）

5-12　集成功率放大器集成度高，因此用于单电源供电时，不需要使用分压电路来调整输入、输出的平衡电压。（　　　）

4. 分析与计算题

5-13　图 5-3 所示的乙类功率放大电路中，已知 $U_{CC} = 18V$，$R_L = 4\Omega$，u_i 为正弦信号，在理想情况下，请计算：

1）负载上的最大不失真输出电压 U_{om}，最大不失真输出功率 P_{om}。

2）电源供给的功率 P_V。

3）每个功放管消耗的功率 P_{VT1} 和 P_{VT2}，并计算能量转换效率 η。

项目六　简易测试用信号发生器的制作

项目描述

在工业、农业、生活等实践领域中，使用的任何电子系统在投入市场之前，都需要进行调试与检测。本书中使用的典型产品——具有简单混音功能的低频功率放大器，安装完成后，同样需要进行调试与检测，而电子系统中一般使用正弦信号、矩形信号、三角波信号等基本信号作为输入信号来检测系统的功能。图6-1所示为简易测试用信号发生器的电路图，该电路第一级为具有限幅输出功能的正弦波信号发生电路，第二级为具有限幅输出的比较器构成的矩形信号发生电路，第三级为积分电路构成的三角波信号发生电路，它们的具体参数如下：

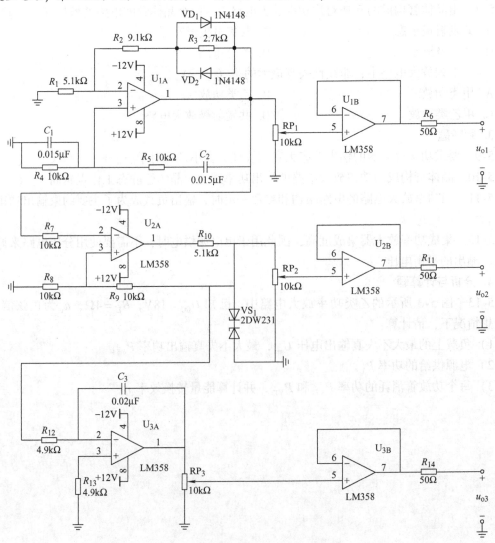

图6-1　简易测试用信号发生器电路图

1）正弦信号 u_{o1}：频率为 1kHz，误差不大于 ±100Hz，输出空载条件下幅度最大为 8V，误差不大于 ±0.5V；

2）方波信号 u_{o2}：频率为 1kHz，误差不大于 ±100Hz，输出空载条件下幅度最大为 6.2V，误差不大于 ±0.5V；

3）三角波信号 u_{o3}：频率为 1kHz，误差不大于 ±100Hz，输出空载条件下幅度最大为 6.2V，误差不大于 ±0.5V。

4）要求每一路信号输出内阻为 50Ω，且电压幅度连续可调。

学习目标

【知识目标】

1）能陈述信号发生器的基本结构、原理和各部分的作用等。

2）能描述自激振荡的概念和条件、正反馈的特点和作用。

3）能分析 RC 正弦波振荡电路的原理与参数。

4）能分析方波-三角波振荡电路的原理与参数。

5）了解其他常用正弦波振荡电路的结构和工作原理。

【技能目标】

1）能识读简易信号发生器电路。

2）能对简易信号发生器电路进行安装。

3）能使用基本仪器对简易信号发生器电路进行调试。

4）能对简易信号发生器的故障进行分析、判断，并加以解决。

任务一　正弦波振荡器的制作与调试

【任务导入】

在实践中，广泛采用各种类型的信号产生电路，就波形来说，可以分为正弦波和非正弦波电路。其中正弦波振荡电路在工业、农业、生物医学等领域内应用十分广泛，如高频感应加热、熔炼、淬火、超声诊断、核磁共振成像等。本任务主要介绍正弦波振荡器的相关知识。

【任务分析】

本任务首先学习自激振荡器的定义、分类、条件等，然后重点学习 RC 文氏桥正弦波振荡器的原理、电路中各元器件的作用，能根据电路中各元器件的作用以及需求恰当地调整参数，并要求能对 RC 文氏桥正弦波振荡器进行检测与调试。

【知识链接】

一、振荡器的基本知识

1. 自激振荡器的定义

各种电路或工作系统，都需要信号源，在无需外加激励的情况下，将直流电源能量转换成按特定频率变化的交流信号能量的电路，称为振荡器或振荡电路。振荡器与放大电路都是能量转换电路，但是放大电路需要外加激励，而振荡器则不需要，其产生的信号都是自激信号，因此，振荡器又称为**自激振荡器**。

2. 自激振荡器的分类

自激振荡器的种类比较多，按照输出信号的波形来分，可以分为正弦波振荡器和非正弦波振荡器。其中常见的非正弦波振荡器有方波、矩形波及三角波等。

在正弦波振荡器中，按照构成选频网络元件的不同又可以分为 LC 振荡器、石英晶体振荡器、RC 振荡器。本任务主要讨论 RC 正弦波振荡器的电路结构和原理。

3. 自激振荡器的振荡条件

自激振荡器电路的结构框图如图 6-2a 所示，图中输入信号 $\dot{X}_i$ 接地，表示电路没有输入信号，$\dot{X}'_i$ 为放大电路净输入信号，$\dot{X}_f$ 正为反馈信号，$\dot{X}_o$ 为输出信号。由于 $\dot{X}_i = 0$，所以 $\dot{X}'_i = \dot{X}_f$，图 6-2a 可以简化成图 6-2b，图中 $\dot{A}$ 表示

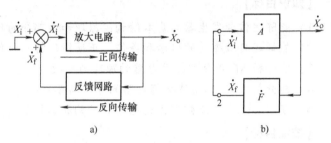

图 6-2　自激振荡电路结构框图

基本放大电路的增益，$\dot{F}$ 表示反馈网络的系数。

（1）自激振荡的平衡条件　根据图 6-2b 可得：$\dot{X}_f = \dot{F}\,\dot{X}_o = \dot{F}(\dot{A}\,\dot{X}'_i)$，又 $\dot{X}'_i = \dot{X}_f$，因此有

$$\dot{A}\,\dot{F} = 1 \tag{6-1}$$

式(6-1) 被称为自激振荡的平衡条件。

设 $\dot{A} = A \angle \varphi_A$，$\dot{F} = F \angle \varphi_F$，式(6-1) 可表述为

$$|\dot{A}\,\dot{F}| = AF = 1 \tag{6-2}$$

$$\varphi_A + \varphi_F = 2n\pi, \quad (n = 0,\ 1,\ 2\cdots\cdots) \tag{6-3}$$

式(6-2) 为自激振荡的幅值平衡条件，式(6-3) 为自激振荡的相位平衡条件，一个自激振荡器必须同时满足这两个条件。根据振幅平衡条件可以得到振荡电路输出信号的幅值，根据相位平衡条件可以得到振荡电路输出信号的频率。

（2）自激振荡的起振与稳幅　由于自激振荡器没有外部激励，但是在接通电源瞬间电路会引起电流突变，放大器内部会有热噪声等，这些电扰动包含了多种频率的微弱正弦波信号，经设置在放大器内或反馈网络内的选频网络，使得只有某一频率的信号能反馈到放大器的输入端，而其他频率的信号被抑制，该频率的信号经放大→反馈→再放大→再反馈，反复循环，使信号幅值不断增大，从而建立起振荡。

因此必须满足 $\dot{A}\,\dot{F} > 1$ 的条件，使振荡电路能够自行起振。

当幅度增大至一定值时，放大电路进入非线性区，增益 $\dot{A}$ 随输出幅度增加而逐渐减小，

最终使 $\dot{A}\dot{F}=1$ 达到幅度平衡，振幅稳定下来。振荡信号建立过程的输出波形如图 6-3 所示。

（3）自激振荡器的电路组成　综合上述可知，一个振荡电路主要由以下几部分电路构成。

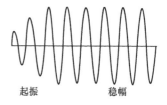

图 6-3　自激振荡的建立过程

1）基本放大电路：具有信号放大作用，将电源的直流电能转换为交变的振荡能量。

2）正反馈电路：在建立自激振荡初期使得电路起振，后期使得电路满足平衡条件。

3）选频电路：选择某一种频率的信号，使之满足自激振荡条件，从而产生单一频率的正弦波振荡。

4）稳幅电路：使电路从起振条件过渡到平衡条件，可以利用放大电路自身元器件的非线性，也可以采用热敏元器件或其他自动限幅电路。

二、RC 正弦波振荡器

常见的 RC 正弦波振荡器有 RC 桥式振荡器、RC 双 T 网络式振荡器、移相式振荡器等类型，本任务主要讨论 RC 桥式振荡器。

1. 基本电路结构

图 6-4 所示是 RC 桥式振荡器的原理图，该电路由选频网络和放大电路两部分构成。由阻抗 Z_1（串联的 R、C）和 Z_2（并联的 R、C）组成的网络来实现正反馈，将放大器输出电压 $\dot{U}_o$ 经 RC 网络送回其输入端，该网络同时也是振荡器的选频网络，电阻 R_f、R_1、运放 A 构成放大器。由正反馈电路中 Z_1、Z_2 和负反馈电路中的 R_f、R_1 构成电桥的四臂，故常将 RC 串并联正弦波振荡器称为文氏电桥振荡器，简称为桥式振荡器。

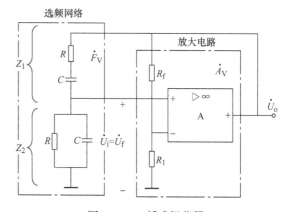

图 6-4　RC 桥式振荡器

2. RC 选频网络的选频特性

图 6-4 中点画线框标注的 Z_1、Z_2 就是选频网络，其中

$$Z_1 = R + \frac{1}{j\omega C}$$

$$Z_2 = R // \frac{1}{j\omega C} = \frac{R}{1 + j\omega RC}$$

则选频网络的正反馈系数为

$$\dot{F}_V = \frac{\dot{U}_f}{\dot{U}_o} = \frac{Z_2}{Z_1 + Z_2} = \frac{1}{3 + j\left(\dfrac{\omega}{\omega_0} - \dfrac{\omega_0}{\omega}\right)} \tag{6-4}$$

从式（6-4）可知，反馈系数 $\dot{F}_V$ 是角频率 ω 的复函数，由此可得 RC 串并联网络的幅频响

应和相频响应为

$$\left| \dot{F}_\mathrm{V} \right| = F_\mathrm{V} = \frac{1}{\sqrt{3^2 + \left(\dfrac{\omega}{\omega_0} - \dfrac{\omega_0}{\omega}\right)^2}} \tag{6-5}$$

$$\varphi_\mathrm{f} = -\arctan\left(\frac{\dfrac{\omega}{\omega_0} - \dfrac{\omega_0}{\omega}}{3}\right) \tag{6-6}$$

由式(6-5)和式(6-6)可知,当

$$\omega = \omega_0 = \frac{1}{RC} \quad \text{或} \quad f = f_0 = \frac{1}{2\pi RC} \tag{6-7}$$

时,反馈系数的幅值出现最大值,即

$$F_\mathrm{Vmax} = \frac{1}{3} \tag{6-8}$$

相频响应为

$$\varphi_\mathrm{f} = 0 \tag{6-9}$$

这就是说,当 $\omega = \omega_0 = 1/RC$ 时,输出电压的幅值最大,并且输出电压是输入电压的 1/3,同时输出电压与输入电压同相位。根据式(6-5)、式(6-6)画出了串并联选频网络的幅频响应及相频响应,如图 6-5 所示。

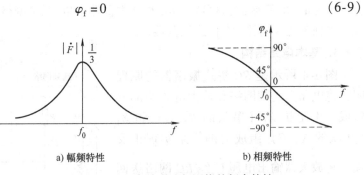

a) 幅频特性   b) 相频特性

图 6-5　RC 串并联选频网络的频率特性

3. 振荡的建立与稳定

所谓建立振荡,就是要使电路自激,从而产生持续的振荡,由直流电变为交流电。对于 RC 振荡电路来说,直流电源提供能源,自激的因素则是电路中的噪声,它的频率分布很广,其中也包含了 $f_0 = 1/(2\pi RC)$ 的信号。这个频率的微弱信号很容易通过选频网络,并经过反复放大可以使得输出端得到幅度越来越大的频率为 f_0 的信号,但是最终受到非线性元件的限制,使得振荡幅度自动地稳定下来。即开始时,$\dot{A}_\mathrm{V} = 1 + R_\mathrm{f}/R_1$ 略大于 3,保证电路能够起振,达到平衡状态后,可以利用非线性器件,使得 $\dot{A}_\mathrm{V} = 3$,$F_\mathrm{V} = 1/3$。

【例 6-1】　图 6-6 所示为 RC 桥式振荡器的电路,已知运放 A 为 NE5532,其最大输出电压为 ±14V。

1)图中用二极管 VD_1、VD_2 作为自动稳定幅度的器件,试分析它起振和稳幅的原理。

2)假设二极管的正向饱和压降为 0.6V,饱和导通时等效电阻为 1.2kΩ,在电路到达稳定状态时,请估算输出正弦波的峰值 U_om、频率 f_0。

3)如果电阻 R_2 被短路,请问电路能不能起振。

4)如果 R_2 开路,请问电路能不能稳压。

解:　1)在起振阶段,输出信号 u_o 幅度很小,二极管 VD_1、VD_2 接近开路,则 R_3、VD_1、

VD$_2$ 组成的并联支路的电阻近似等于 $R_3 =$ 2.7kΩ，此时 $A_V = (R_1 + R_2 + R_3)/R_1 \approx 3.3 > 3$，有利于起振；稳幅阶段，当输出信号 u_o 幅度逐步增加，将使得 VD$_1$、VD$_2$ 饱和导通，则 R_3、VD$_1$、VD$_2$ 组成的并联支路的电阻将下降，使得 A_V 下降，最终使得 u_o 幅度逐步稳定。

2）当输出信号幅度稳定时，$A_V = 3$，可以求得对应 U_{om} 时 R_3、VD$_1$、VD$_2$ 组成的并联支路的电阻近似等于 $R_3' = 1.1kΩ$，由流过 R_3' 的电流等于流过 R_1、R_2 的电流，有

$$\frac{0.6V}{1.1kΩ} = \frac{U_{om}}{1.1kΩ + 5.1kΩ + 9.1kΩ}$$

即 $U_{om} \approx 8.35V$

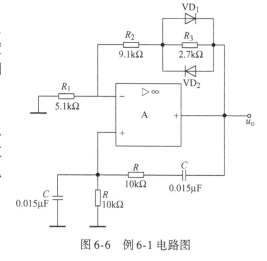

图 6-6　例 6-1 电路图

频率 $f_0 = 1/(2\pi RC) = 1/(2 \times 3.14 \times 10kΩ \times 0.015μF) \approx 1kHz$。

3）当 $R_2 = 0V$ 时，$A_V < 3$，电路停振，输出信号 u_o 为一条与时间轴（横轴）重合的直线。

4）当 $R_2 \to \infty$ 时，$A_V \to \infty$，输出信号将变成最大值为 +14V、最小值为 -14V 的方波信号。

【任务实施】　*RC* 正弦波振荡器的制作与调试

1. 实训目的

1）掌握 *RC* 文氏桥振荡器的电路构成与工作原理。

2）能使用示波器和万用表检测 *RC* 文氏桥振荡器的各级输出。

3）掌握 *RC* 文氏桥振荡器的调整和测试方法。

4）增强专业意识，培养良好的职业道德和职业习惯。

2. 实训设备和器件

1）数字万用表、直流稳压电源、双踪数字示波器各 1 台；

2）实训电路板 1 块。

3）导线若干。

3. 实训内容与步骤

（1）元器件的识别与检测　使用万用表对元器件进行检测，如果发现元器件有损坏，请说明情况，并更换新的元器件。

（2）电路制作　在实训电路板上按照图 6-7 所示的实训电路图搭建电路。

（3）电路调试与检测

1）接通直流电压源。使用直流稳压电压源给电路提供 ±12V 的双电压源，并接入电路中正确的位置。

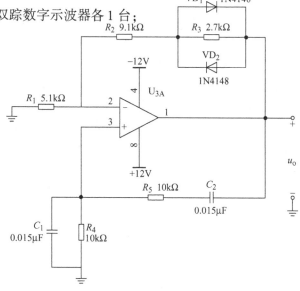

图 6-7　*RC* 正弦波振荡器实训电路

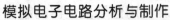

2）输出波形测量。使用示波器的 CH1 通道与输出端 u_o 连接，等待输出波形稳定后，分别读取输出信号的频率 f_0、输出信号的峰值 U_{om}，画出输出波形，并将测量结果记录到表格 6-1 中。

表 6-1　RC 正弦波振荡器参数测试表

振荡频率 f_0（计算值）	振荡频率 f_0（测量值）	U_{om}	波　　形
			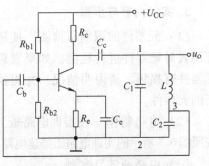

3）故障现象观察。短路电阻 R_2，观察输出波形的变化；断开电阻 R_2，观察输出波形的变化。

4. 注意事项

1）测量时，手不要碰到器件的引脚，以免人体电阻的介入影响测量的准确性。

2）在实训过程中，给集成运放供电时一定注意电源的极性，以免烧坏集成运放。

5. 实训报告与实训思考

1）如实记录数据，完成实训报告书。

2）请解释电阻 R_2 短路和开路两种情况下输出波形的变化。

3）简述二极管 VD_1、VD_2 的作用。

【拓展知识】　其他振荡电路的认识

1. 电容三点式振荡电路

电容三点式振荡电路也称为考毕兹振荡器，其原理电路如图 6-8 所示。因反馈网络是由电容元件完成的，适当选择 C_1 与 C_2 的比值，就可满足振幅条件，故称为电容三点式振荡电路，一般用于低频振荡电路中。

电路的谐振频率为

$$f_0 = \frac{1}{2\pi\sqrt{LC}}$$

其中 $C = \dfrac{C_1 C_2}{C_1 + C_2}$。

图 6-8　电容三点式振荡电路

起振条件为

$$\frac{r_{be}}{\beta r_{ce}} < \frac{C_1}{C_2} < \beta$$

2. 石英晶体振荡电路

石英晶体振荡电路可以分成串联型石英晶体正弦波振荡电路和并联型石英晶体正弦波振荡电路两种，典型的电路分别如图6-9a、b所示，振荡频率一般由石英晶振的频率所决定。石英晶体在电路中等效为电感元件，因此石英晶体振荡电路实质上是一种特殊的电容三点式振荡电路。石英晶振的频率稳定度比较高，在对频率稳定要求较高的场合，如数字电路和计算机中的时钟脉冲发生器等一般采用石英晶振。

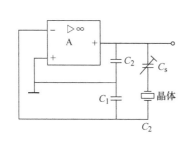

a) 串联型石英晶体振荡电路　　　　　　　　b) 并联型石英晶体振荡电路

图6-9　石英晶体振荡电路

3. 电感三点式振荡电路

电感三点式振荡电路也称为哈特莱振荡器，其原理电路如图6-10所示，与晶体管发射极相连接的电抗性元件L_1和L_2为感性，不与发射极相连接的另一电抗性元件C为容性，满足三点式振荡电路的组成原则，一般用于高频振荡电路中。

电路的谐振频率为

$$f_0 = \frac{1}{2\pi\sqrt{LC}}$$

其中$L = L_1 + L_2 + M$。

起振条件为

$$\frac{r_{be}}{\beta r_{ce}} < \frac{L_2 + M}{L_1 + M} < \beta$$

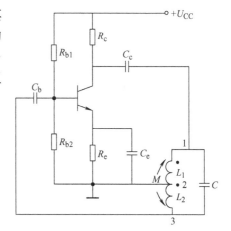

图6-10　电感三点式振荡电路

4. 变压器反馈式LC谐振电路

变压器反馈的特点是用变压器的一次或二次绕组与电容C构成LC选频网络。振荡信号的输出和反馈信号的传递都是靠变压器耦合完成的。图6-11所示为变压器反馈式LC正弦波

147

振荡器的基本电路，由基极分压式共发射极放大电路、LC 选频网络和变压器反馈电路三部分组成。

电路的谐振频率为

$$f_0 = \frac{1}{2\pi\sqrt{LC}}$$

起振条件为

$$\beta > \frac{r_{be}}{\omega_0 MQ}$$

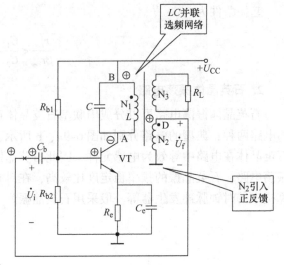

图 6-11　变压器反馈式 LC 谐振电路

式中，M 为绕组之间的互感；Q 为 LC 并联电路的品质因数；r_{be} 为晶体管基-射极间饱和等效电阻；β 为晶体管电流放大倍数。

任务二　非正弦波发生器的制作与调试

【任务导入】

在实践中，除了正弦波振荡电路具有广泛的应用外，非正弦波信号（矩形信号、三角波信号等）发生器在测量设备、数字系统及自动控制系统中的应用也是非常广泛的。本任务主要介绍矩形信号、三角波信号发生器的相关知识。

【任务分析】

本任务首先学习非正弦波信号发生器的基础单元——比较器的相关知识，然后重点学习矩形信号发生器和三角波信号发生器的原理和电路中各元器件的作用，能根据电路中各元器件的作用以及需求恰当的调整参数，并要求能对方波、三角波发生器进行检测与调试。

【知识链接】

一、比较器

1. 单门限比较器

图 6-12a 是一个简单的反相输入单限比较器电路图，集成运放处于开环状态，运放的同相输入端接基准电位（或称参考电位）U_{REF}，被比较信号由反相输入端输入。当 $u_i > U_{REF}$ 时，输出电压等于运放的最大负输出，即 $u_o = -U_{om}$；当 $u_i < U_{REF}$ 时，输出电压等于运放的最大正输出，即 $u_o = +U_{om}$，得到了如图 6-12b 所示的输入输出波形关系。图中实线表示输入信号 u_i 从小于 U_{REF} 过渡到大于 U_{REF} 的过程。**利用这一特性，可以将输入正弦波信号通过比较器变成矩形信号。**

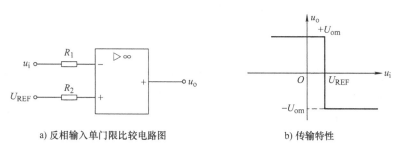

a) 反相输入单门限比较电路图　　　　　　b) 传输特性

图 6-12　反相输入单门限比较器

【例 6-2】　电路图如图 6-12a 所示，假设图中 $U_{REF} = 2V$，$u_i = 5\sin\omega t V$，$U_{om} = \pm 12V$，请画出 u_o 的波形。

解：因为 $U_{REF} = 2V$，所以当 $u_i < 2V$ 时，$u_o = 12V$；当 $u_i > 2V$ 时，$u_o = -12V$。输入与输出波形图如图 6-13 所示。

特殊情况，当单门限比较器的参考电压 $U_{REF} = 0V$ 时，就构成了**过零比较器**，即当输入信号当 $u_i > 0$ 时，输出电压等于运放的最大负输出，即 $u_o = -U_{om}$；当 $u_i < 0$ 时，输出电压等于运放的最大正输出，即 $u_o = +U_{om}$，对应的电路图和输入输出波形关系如图 6-14 所示。

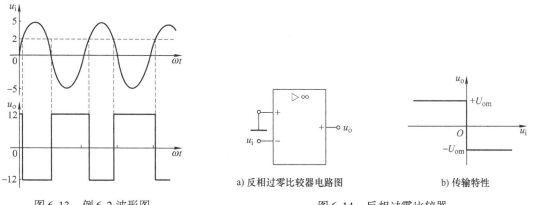

图 6-13　例 6-2 波形图

a) 反相过零比较器电路图　　　　　　b) 传输特性

图 6-14　反相过零比较器

在实际应用中，为了得到所需要的输出电压，经常在比较器的输出端加稳压二极管，称之为**限幅比较器**。图 6-15a 为采用两只反向串联的稳压二极管（也可以用一个双向稳压二极管）实现的限幅电路，图 6-15b 为该电路的传输特性。从传输特性图中可以看出，限幅电路

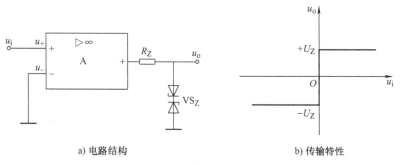

a) 电路结构　　　　　　b) 传输特性

图 6-15　比较器限幅电路

就是将原来的输出 $\pm U_{om}$ 变为 $\pm U_{Z}$，因此选择适当的稳压二极管，就可以得到想要的比较电压输出幅值。

2. 滞回比较器

单值电压比较器非常灵敏，但抗干扰能力较差。当输入端在参考电压 U_{REF} 附近有干扰时，就会出现输出多次翻转的现象。为避免多次翻转造成检测装置的误动作，通常引入滞回比较器。

带限幅的滞回比较器 如图 6-16 所示，其特点是将输出电压通过电阻 R_{F} 反馈到同相输入端，形成正反馈。

从集成运放输出端的限幅电路可以看出，输出电压 $u_{o} = \pm U_{Z}$，同相输入端的电位 u_{+} 随输出电压变化而变化。

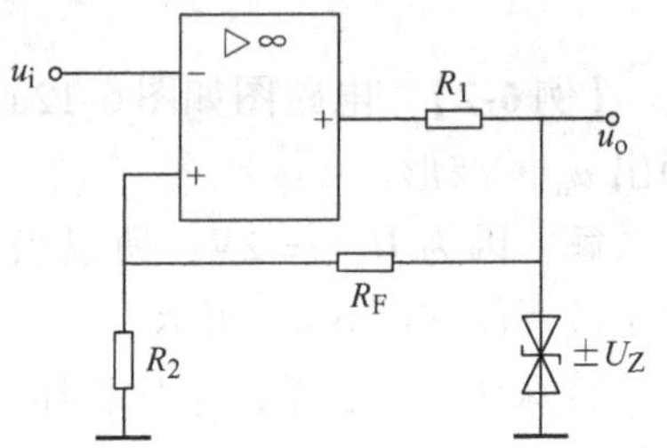

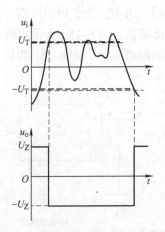

图 6-16 滞回比较器

1）当 $u_{o} = +U_{Z}$ 时，同相输入端的电位为

$$u_{+} = \frac{R_{2}}{R_{2} + R_{F}} U_{Z} = U_{T}$$

集成运放反相输入端接输入电压为 u_{i}，所以当 $u_{i} < U_{T}$ 时，输出 $u_{o} = +U_{Z}$；当 $u_{i} > U_{T}$，输出 $u_{o} = -U_{Z}$。

2）当输出电压 $u_{o} = -U_{Z}$ 时，同相输入端的电位为

$$u_{-} = \frac{R_{2}}{R_{2} + R_{F}} (-U_{Z}) = -U_{T}$$

所以当 $u_{i} > -U_{T}$，输出 $u_{o} = -U_{Z}$。当 $u_{i} < -U_{T}$，输出 $u_{o} = +U_{Z}$。

根据以上分析，输出电压从 $+U_{Z}$ 跳变为 $-U_{Z}$，又从 $-U_{Z}$ 跳变为 $+U_{Z}$ 时，参考电压 U_{T} 和 $-U_{T}$ 是两个不同的值，即比较器具有滞回特性。其传输特性具有迟滞回线的形状，如图 6-17 所示。

滞回比较器有两个参考电压 U_{T} 和 $-U_{T}$，分别称为上限阈值和下限阈值，他们的电压之差称为**回差电压**，即

$$\Delta U = U_{T} - (-U_{T}) = 2U_{T}$$

由于滞回比较器有两个不同的参考电压，因此，只要回差电压 ΔU 大于干扰电压的变化幅度，就能有效抑制干扰。由图 6-18 可见，输入端的干扰信号对输出没有影响，即滞回比较器具有抗干扰作用。

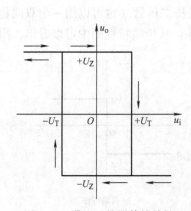

图 6-17 滞回比较器传输特性

图 6-18 滞回比较器的抗干扰作用

二、方波发生器

（1）电路组成　方波发生器的基本电路如图 6-19 所示，集成运放和 R_1、R_2 组成反相输入滞回比较器；R_3 和 U_Z 构成输出双向限幅电路；R 和电容 C 组成积分电路，用来将比较器输出电压的变化反馈到集成运放的反相输入端，以控制输出方波的周期。

（2）工作原理　在接通电源之前，电容 C 两端的电压 $u_C = 0$，假设在接通电源的瞬间，输出电压为 $u_o = +U_Z$（也有可能为 $-U_Z$，纯属偶然，这里为了分析方便，假设为 $+U_Z$），则同相输入端的电压为

$$u_+ = U_T = + \frac{R_2}{R_1 + R_2} U_Z$$

电容器 C 在输出电压 $+U_Z$ 的作用下，开始充电，集成运放的反相输入端 $u_- = u_C$ 由 0 逐渐上升，并与集成运放的同相输入端 $u_+ = U_T$ 进行比较，在 $u_C < U_T$，即 $u_- < u_+$ 前，根据比较结果，$u_o = +U_Z$ 保持不变。

当电容器 C 充电到 $u_C \geq U_T$ 时，集成运放输出 u_o 由 $+U_Z$ 迅速翻转为 $-U_Z$，此时，同相输入端电压为

$$u_+ = -U_T = - \frac{R_2}{R_1 + R_2} U_Z$$

由于输出端电位变低，电容 C 开始放电，u_C 由 U_T 逐渐下降，在 $u_C > -U_T$，即 $u_- > u_+$ 前，根据比较结果，$u_o = -U_Z$ 保持不变。

当电容器 C 放电到 $u_C \leq -U_T$ 时，集成运放输出 u_o 由 $-U_Z$ 迅速翻转为 $+U_Z$，回到初始状态，如此反复，电路自激振荡，形成周期性方波输出，其工作波形如图 6-20 所示。其周期的计算公式为

$$T = 2RC\ln\left(1 + \frac{2R_2}{R_1}\right) \tag{6-10}$$

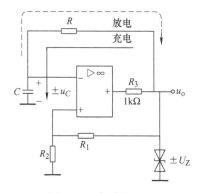

图 6-19　方波发生器

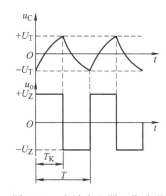

图 6-20　方波发生器工作波形

三、三角波发生器

（1）电路组成　三角波产生电路如图 6-21 所示，由滞回比较器和反相积分器构成。图中 R_4、R_5、C、A_2 构成积分器，其作用是将滞回比较器输出的方波转换为三角波，R_1、R_2、

模拟电子电路分析与制作

A_1、R_3、U_Z 构成滞回比较器。R_1 将输出的三角波信号反馈给比较器的同相输入端，使比较器产生随三角波的变化而翻转的方波。**注意，如果已经有矩形信号的情况下，只需要使用积分电路就可以得到三角波信号。**

（2）工作原理　A_1 等构成滞回比较器，其同相输入端电压 u_P 由 u_{o1} 和 u_o 决定，由叠加定理有

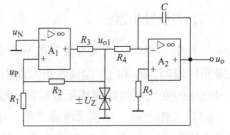

图 6-21　三角波发生器

$$u_P = u_{o1} \frac{R_1}{R_1 + R_2} + u_o \frac{R_2}{R_1 + R_2}$$

当输出 $u_{o1} = +u_Z$ 时，电容 C 充电，同时输出电压 u_o 线性减小，u_P 的值也随之减小，当 u_o 减小到 $-\dfrac{R_1}{R_2}U_Z$ 时，u_P 由正值变为零，滞回比较器 A_1 翻转，$u_{o1} = -u_Z$。当 $u_{o1} = -u_Z$ 时，电容 C 开始放电，输出电压 u_o 线性增加，u_P 的值也随之增大，当 u_o 增大到 $+\dfrac{R_1}{R_2}U_Z$ 时，u_P 由负值变为零，滞回比较器 A_1 翻转，$u_{o1} = +u_Z$。重复上述过程，产生振荡，输出波形如图 6-22 所示。

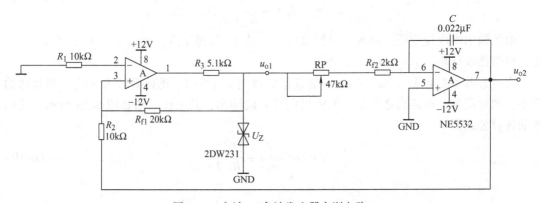

图 6-22　方波-三角波发生器实训电路

由于充放电参数未变，因此 u_o 输出为三角波，输出正向峰值为 $U_{om} = \dfrac{R_1}{R_2}U_Z$，负向峰值为 $U_{om} = -\dfrac{R_1}{R_2}U_Z$，振荡周期为

$$T = \frac{4R_4R_1C}{R_2}$$

【任务实施】　方波、三角波发生器的安装与调试

1. 实训目的

1）理解滞回比较器的工作原理。

2）掌握方波和三角波发生器的调试方法。

3）增强专业意识，培养良好的职业道德和职业习惯。

2. 实训设备和器件

1）数字万用表、双踪数字示波器、直流稳压电压源各 1 台。

2）实训电路板 1 块。

3）直流稳压电源 1 台。

4）导线若干。

3. 实训内容与步骤

1）元器件的识别与检测。使用万用表对元器件进行检测，如果发现元器件有损坏，请说明情况，并更换新的元器件。

2）电路制作。在实训电路板上按照图 6-22 所示的实训电路图搭建电路。

3）电路性能测试。操作方法：将电位器调至中心位置，用双综示波器观察并描绘方波 u_{o1} 及三角波 u_{o2}（注意标注图形尺寸），并测量频率值 f，结果记录在表 6-2 中。

表 6-2　方波-三角波发生器测量表

	f/Hz（计算值）	f/Hz（测量值）	输出波形
方波 u_{o1}			u_o/V O t/ms
三角波 u_{o2}			u_o/V O t/ms

4）改变 RP 的位置，观察对 u_{o1}、u_{o2} 幅值及频率的影响。

4. 注意事项

1）在断电情况下连接和改接电路。

2）示波器、实训电路板和电源共地，以减小干扰。

3）注意集成电路的引脚顺序，接入电源的极性要仔细检查。

5. 实训报告与实训思考

1）如实记录测量数据。

2）请讨论调试过程中遇见的问题，并分析原因。

3）如果电容 C 出现开路，请分析 u_o 的波形。

【拓展知识】 ICL8038集成函数发生器的典型应用

1. ICL8038 的引脚与特性

ICL8038 的引脚图如图 6-23 所示。ICL8038 可单电源供电，也可双电源供电。单电源供电时，引脚 11 接地，引脚 6 接正电源，电源范围为 $10 \sim 30V$；双电源供电时，引脚 11 接负电源，引脚 6 接正电源，电压范围为 $\pm 5 \sim \pm 15V$。其频率范围为 $0.001Hz \sim 500kHz$，输出矩形波占空比可调范围为 $1\% \sim 99\%$，输出三角波的非线性小于 0.1%，正弦波失真小于 1%。

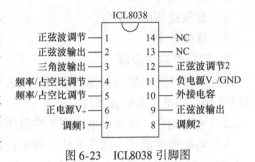

图 6-23　ICL8038 引脚图

2. ICL8038 的工作原理

ICL8038 内部结构框图如图 6-24 所示。其中，振荡电容 C 由外部接入，它由内部两个恒流源 I_1 和 I_2 来完成充电放电过程；电压比较器 A、B 的阈值分别为 $\frac{2}{3}U$ 和 $\frac{1}{3}U$（$U = U_{CC} + U_{EE}$）。恒流源 I_1 和 I_2 的大小可以通过外接电阻来调节，但必须满足 $I_2 > I_1$。

当触发器输出为低电平时，它控制开关 S 使恒流源 I_2 处于断开状态，恒流源 I_1 对电容器 C 充电，当电容电压 u_C 达到电压比较器 A 输入电压规定的 $\frac{2}{3}U$ 时，电压比较器 A 状态改变，使触发器的输出由低电平变为高电平，开关 S 使恒流源 I_2 处于接通状态，由于 $I_2 > I_1$，电容 C 放电，当放电到 u_C 达到电压比较器 B 输入电压规定的 $\frac{1}{3}U$ 时，电压比较器 B 状态改变，使触发器的输出由高电平变为低电平，恒流源 I_2 再次处于断开状态，恒流源 I_1 对电容器 C 再次充电，这样周期性地循环，完成振荡过程。

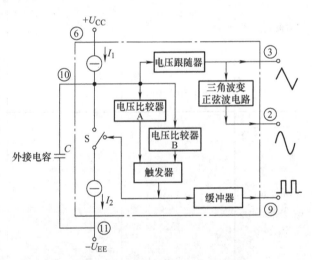

图 6-24　ICL8038 内部结构框图

若调节外接电阻，使 $I_2 = 2I_1$，电容器 C 在充电过程和放电过程的时间常数相等，触发器输出为方波，经缓冲器由引脚⑨输出方波信号；而且在电容器充放电时，电容电压就是三角波函数，经电压跟随器从引脚③输出三角波信号；正弦波信号由三角波函数信号经过非线性变换得到从引脚②输出。

3. ICL8038 的典型应用

ICL8038 典型应用电路如图 6-25 所示。图中 ICL8038 与若干电阻和电容构成方波、三角波、正弦波三路基本信号源发生电路，运放 $A_1 \sim A_3$ 构成三个电压跟随器，使得方波、三角波、正弦波具有一定的驱动能力，u_{o1} 输出方波信号，u_{o2} 输出三角波信号，u_{o3} 输出正弦信号。

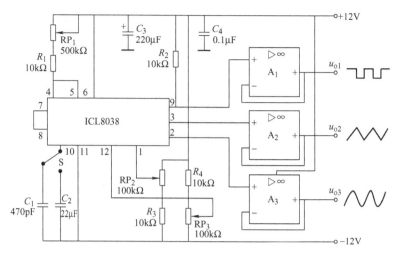

图 6-25　ICL8038 的典型应用电路

项目实施与评价

1. 实施目的

1）能正确安装简易函数信号发生器电路。

2）能正确使用集成运放等器件。

3）能正确使用仪表对制作的信号发生器进行调试，并解决故障。

4）能组织和协调团队工作。

2. 实施过程

（1）设备与元器件准备

1）设备准备：万用表、示波器、直流稳压电压源及函数信号发生器各 1 台。

2）元器件准备：电路所需的元器件的名称、规格、数量等见表 6-3。

表 6-3　简易函数信号发生器的元器件清单

名称与代号	型号与规格	封　装	数量	单位
电阻 R_1、R_{10}	5.1kΩ1/4W	色环直插	2	个
电阻 R_2	9.1kΩ 1/4W	色环直插	1	个
电阻 R_3	2.7kΩ 1/4W	色环直插	1	个
电阻 R_4、R_5、$R_7 \sim R_9$、	10kΩ 1/4W	色环直插	5	个
电阻 R_6、R_{11}、R_{14}	50Ω 2W	色环直插	3	个
电阻 R_{12}、R_{13}	4.9kΩ 1/4W	色环直插	2	个
可调电位器 $RP_1 - RP_3$	10kΩ	3296W 蓝色直插	3	个
集成运放 $U_1 \sim U_3$	LM358	DIP - 8 直插	3	片
芯片底座	DIP - 8	DIP - 8 直插	3	个
陶瓷电容 C_1、C_2	0.015μF/50V	直插	2	个

（续）

名称与代号	型号与规格	封　装	数量	单位
陶瓷电容 C_3	0.02μF50V	直插	1	个
陶瓷电容 $C_6 \sim C_{11}$	0.1μF/50V	直插	6	个
电解电容 $C_4 \sim C_5$	220μF/25V	直插 5×11mm	2	个
二极管 VD_1、VD_2	IN4148	直插	2	个
双向稳压二极管 VS_1	2DW231	直插	1	个
插座 P_1	绿色 3P KT508K	直插 针间距 5.08mm	3	针
排针 $P_2 \sim P_4$		直插 间距 2.54mm	6	针
PCB			1	片

（2）电路识读　简易函数信号发生器如图6-1所示。

1）正弦波电路。图中集成运放第一部分 U_{1A}，电阻 $R_1 \sim R_5$，电容 C_1、C_2，二极管 VD_1、VD_2 构成具有稳幅功能的 RC 桥式正弦波振荡电路，可实现最大输出电压为8V 左右、频率为1kHz 的正弦波信号，电位器 RP_1 保障输出电压峰值从 0 ~ 8V 连续可调，集成运放第二部分 U_{1B} 采用电压跟随器，使得输出信号具有一定的驱动能力，电阻 R_6 使得输出具有 50Ω 的内阻，信号从 u_{o1} 输出。

2）方波电路。图中集成运放第一部分 U_{2A}，电阻 $R_7 \sim R_{10}$，双向稳压二极管 VS_1 构成滞回比较器电路，用于实现波形变换，可以把正弦波信号变成方波信号，电位器 RP_2 保障输出电压峰值从 0 ~ 6.2V 连续可调，集成运放第二部分 U_{2B} 采用电压跟随器，使得输出信号具有一定的驱动能力，电阻 R_{11} 使得输出具有 50Ω 的内阻，信号从 u_{o2} 输出。

3）三角波电路。图中集成运放第一部分 U_{3A}，电阻 R_{12}、R_{13}，电容 C_3，构成积分电路，用于实现波形变换，可以把方波信号变成三角波信号，电位器 RP_3 保障输出电压峰值从 0 ~ 6.2V 连续可调，集成运放第二部分 U_{3B} 采用电压跟随器，使得输出信号具有一定的驱动能力，电阻 R_{14} 使得输出具有 50Ω 的内阻，信号从 u_{o3} 输出。

（3）简易函数信号发生器的安装与调试

1）元器件检测。用万用表仔细检查电阻器、电容器、二极管、集成电路等元器件的好坏，防止将性能不佳的元器件装配到电路板上。

2）电路的安装。电路板装配应该遵循"先低后高，先内后外"的原则，对照元器件清单和电路板丝印，将电路所需要的元器件安装到正确的位置。由于电路板为双面板，请在电路板正面安装元器件，反面进行焊接，并确保无错焊、漏焊、虚焊。焊接时要保证元器件紧贴电路板，以保证同类元器件高度平整、一致，制作的产品美观。装配电路的电路板布局如图6-26所示。

3）电路调试。

使用直流稳压电压源产生一个 ±12V 的双电压源，并与 PCB 中标有 +12V、GND、-12V 的接线端子相连，打开直流稳压电压源的开关。

① 正弦信号调试。使用示波器的 CH_1 通道与标有 u_{o1} 的接线端子相连，仔细观测 u_{o1} 的波形，波形形状是正弦特性，频率是 1kHz ±100Hz，调整 RP_1，可以测得输出最大幅度值为 8V ±0.5V。

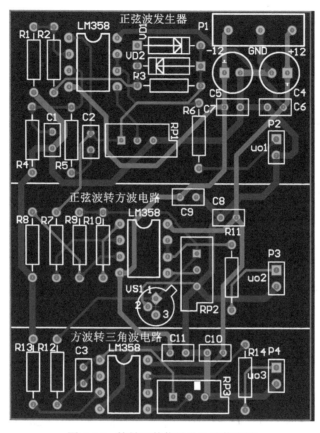

图 6-26　简易函数信号发生器装配图

② 方波信号调试。使用示波器的 CH_1 通道与标有 u_{o2} 的接线端子相连，仔细观测 u_{o2} 的波形，波形形状是方波特性，频率是 $1kHz \pm 100Hz$，调整 RP_2，可以测得输出最大幅度值为 $6.2V \pm 0.5V$。

③ 三角波信号调试。使用示波器的 CH_1 通道与标有 u_{o3} 的接线端子相连，仔细观测 u_{o3} 的波形，波形形状是三角波特性，频率是 $1kHz \pm 100Hz$，调整 RP_3，可以测得输出最大幅度值为 $6.2V \pm 0.5V$。

（4）编写项目实施报告　参见附录 A。

（5）考核与评价

	检 查 项 目	考 核 要 求	分值	学生互评	教师评价
项目知识与准备	RC 振荡电路、方波、三角波的识别	能画出各种信号发生电路	10		
	RC 振荡电路、方波、三角波的原理分析	能分析电路中每一个元器件的作用和参数计算	20		
	器件选型	能根据计算公式选择恰当的元器件	10		

（续）

检查项目		考核要求	分值	学生互评	教师评价
项目操作技能	准备工作	10min 中内完成仪器、元器件的清理工作	10		
	元器件检测	能独立完成元器件的检测	10		
	安装	能正确安装元器件，焊接工艺美观	10		
	通电调试	能使用正确的仪器分级检测电路；输出信号符合要求	20		
	用电安全	严格遵守电工作业章程	5		
职业素养	实践表现	能遵守安全规程与实训室管理制度；表达能力；9S；团队协作能力	5		
项目成绩					

项 目 小 结

1. 知识能力

1）正弦波振荡器实质上是满足振荡条件的正反馈放大器，振荡条件包括幅值平衡条件和相位平衡条件。其中幅值平衡条件：$AF=1$，相位平衡条件是：$\varphi_A + \varphi_F = 2n\pi$，（$n=0$，1，2……）。

2）正弦波振荡器根据选频网络不同可以分为 RC 振荡器和 LC 振荡器，其中 RC 振荡器中的典型代表是 RC 文氏桥振荡器，它的振荡频率 $f_0 = \dfrac{1}{2\pi RC}$，LC 振荡器中的典型代表是石英晶体振荡器，它的振荡频率就是石英晶体的本征频率，主要适用于数字电路中的时钟电路。

3）非正弦波发生电路主要有方波发生器、三角波发生器，它们主要利用集成运放的非线性特性工作，并引入了正反馈。

2. 实践技能

1）RC 桥式正弦波电路的测试方法，常见故障排查方法。

2）方波、三角波电路的测试方法，常见故障排查方法。

3）测试用简易函数信号发生器的制作、调试方法。

项 目 测 试

1. 填空题

6-1 振荡器的幅值平衡条件是_____，相位平衡条件是_____。

6-2 信号发生电路一般工作在_____（正反馈/负反馈）。

6-3 要产生较高频率的信号应选用_____振荡器，要产生较低频率的信号应选用＿＿＿＿＿＿＿＿振荡器，要产生频率的稳定度高的信号应选用＿＿＿＿＿＿＿振荡器。

6-4　三角波发生器电路可以同时输出＿＿＿＿＿＿＿信号和＿＿＿＿＿＿＿信号。

2. 选择题

6-5　正弦波振荡器中正反馈网络的作用是（　　　）。

A. 保证产生自激振荡的相位条件

B. 提高放大器的放大倍数，使得输出信号足够大

C. 产生单一频率的正弦波

D. 以上说法都不对

6-6　振荡器输出信号的能量来源于（　　　）。

A. 输入的激励信号　　　　　　　　B. 电路的热噪声

C. 供电电源　　　　　　　　　　　D. 以上说法都不对

6-7　下列关于方波、三角波电路说法不正确的一项是（　　　）。

A. 电路同时具有正负反馈　　　　　B. 电路可以同时输出方波和三角波

C. 电路主要由滞回比较器和积分电路构成　　D. 电路不需要使用电容器

6-8　晶体振荡器电路中，石英晶体在电路中等效于（　　　）。

A. 电感元件　　　　　　　　　　　B. 电容元件

C. 大电阻元件　　　　　　　　　　D. 导线

3. 判断题

6-9　反馈式振荡器只要满足相位条件就能起振。　　　　　　　　　　（　　　）

6-10　正弦波振荡器的输出信号是正弦波，输出信号的能量主要来源于输入信号，而不是电源。　　　　　　　　　　　　　　　　　　　　　　　　　　　　（　　　）

6-11　滞回比较器的输出端的稳幅电路一般使用双向稳压二极管实现，如果该器件出现断路，则输出信号的幅值为零。　　　　　　　　　　　　　　　　　　　（　　　）

6-12　三角波发生器是利用滞回比较器产生方波，然后再微分产生三角波信号。（　　　）

4. 分析与计算题

6-13　请简要分析图 6-1 中正弦波振荡器的起振条件，幅值稳定的原理，并计算输出信号的最大幅值和频率。

6-14　假设图 6-27 所示电路中运放 A 为理想运放，请分析：

1）为了满足起振条件，请在图 6-27 中标注运放的同相端（＋）和反相端（－）。

2）为了能起振，图中 RP、R_2 两个电阻之和应略大于多少欧姆？

3）此电路如果能起振，请计算出它的振荡频率 f_0。

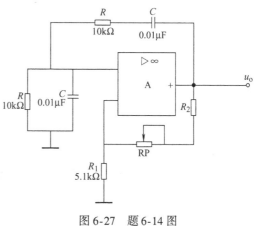

图 6-27　题 6-14 图

附　录

附录 A　任务与项目实施报告书

班级：	姓名：	学号：	组别：	综合得分：

项目（任务）名称：

器材、元器件、设备清单：

实施步骤：

故障分析与调试记录：

项目（任务）体会：

自评	□A（熟练掌握）	□B（大部分掌握）	□C（基本掌握）	□D（勉强掌握）	□E（未掌握）	
互评	□A（熟练掌握）	□B（大部分掌握）	□C（基本掌握）	□D（勉强掌握）	□E（未掌握）	
教师评价	设备使用	A	B	C	D	E
	技能操作	A	B	C	D	E
	报告填写	A	B	C	D	E
	思考问题	A	B	C	D	E

附录 B　常见二极管型号与参数

表 B-1　1N 系列常见普通整流二极管的主要参数

反向耐压/V ＼ 正向电流/A	1	1.5	2	3	6
50	1N4001	1N5391	RL201	1N5400	6A05
100	1N4002	1N5392	RL202	1N5401	6A1
200	1N4003	1N5393	RL203	1N5402	6A2
300	—	1N5394	—	—	—
400	1N4004	1N5395	RL204	1N5404	6A3
500	—	1N5396	—	—	—
600	1N4005	1N5397	RL205	1N5406	6A4
800	1N4006	1N5398	RL206	1N5407	6A6
1000	1N4007	1N5399	RL207	1N5408	6A10

表 B-2　2AK、2CK、IN 系列开关二极管的主要参数

型　号	反向峰值工作电压 U_{RM}/V	正向峰值工作电压 I_{FRM}/mA	正向压降 U_F/V	额定功率 P/mW	反向恢复时间 T_{rr}/ns
1N4148	60	450	≤1	500	4
1N4149					
2AK1	10		≤1		≤200
2AK2	20				
2AK3	30	150			
2AK5	40		≤0.9		≤150
2AK6	50				
2CK74(A~E)	A:≥30	100		100	≤5
2CK75(A~E)	B:≥45	150	≤1	150	
2CK76(A~E)	C:≥60	200		200	≤10
2CK77(A~E)	D:≥75	250		250	
	E:≥90				

表 B-3　部分 2EF 系列发光二极管的型号及主要参数

型　号	工作电压	正向电压	发光强度	最大工作电流	反向耐压	发 光 颜 色
	I_F/mA	U_F/V	I/cd	I_{FM}/mA	U_{RM}/V	
2EF401 2EF402	10	1.7	0.6	50		红
2EF411 2EF412	10	1.7	0.5 0.8	30		红
2EF441	10	1.7	0.2	40		红
2EF501 2EF502	10	1.7	0.2	40	≥7	红
2EF551	10	2	1	50		黄绿
2EF601	10	2	0.2	40		黄绿
2EF641	10	2	1.5	50		红
2EF811 2EF812	10	2	0.4	40		红
2EF841	10	2	0.8	30		黄

表 B-4　1N 系列 10V 内稳压二极管型号与主要参数

型　号	最大耗散功率/W	额定电压/V	最大工作电流/mA
1N708	0.25	5.6	40
1N709	0.25	6.2	40
1N710	0.25	6.8	36
1N711	0.25	7.5	30
1N712	0.25	8.2	30
1N713	0.25	9.1	27
1N714	0.25	10	25
1N748	0.50	3.8~4.0	125
1N752	0.50	5.2~5.7	80
1N753	0.50	5.8~6.1	80
1N754	0.5	6.3~6.8	70
1N755	0.50	7.1~7.3	65
1N757	0.50	8.9~9.3	52
1N962	0.50	9.5~11	45
1N4728	1	3.3	270
1N4729	1	3.6	252
1N4729A	1	3.6	252
1N4730A	1	3.9	234
1N4731	1	4.3	217
1N4731A	1	4.3	217

（续）

型 号	最大耗散功率/W	额定电压/V	最大工作电流/mA
1N4732/A	1	4.7	193
1N4733/A	1	5.1	179
1N4734/A	1	5.6	162
1N4735/A	1	6.2	146
1N4736/A	1	6.8	138
1N4737/A	1	7.5	121
1N4738/A	1	8.2	110
1N4739/A	1	9.1	100
1N4740/A	1	10	91
1N5226/A	0.5	3.3	138
1N5227/A/B	0.5	3.6	126
1N5228/A/B	0.5	3.9	115
1N5229/A/B	0.5	4.3	106
1N5230/A/B	0.5	4.7	97
1N5231/A/B	0.5	5.1	89
1N5232/A/B	0.5	5.6	81
1N5233/A/B	0.5	6	76
1N5234/A/B	0.5	6.2	73
1N5235/A/B	0.5	6.8	67

附录 C 常见晶体管型号与参数

型 号	P_{CM}/mW	I_{CM}/mA	$U_{CEO(BR)}$/V	I_{CEO}/μA	β	f_T/MHz	类 型
3DG6C	100	20	45	≤0.01	20~200	≥250	硅、NPN
3CG14	100	−500	35		20~200	≥200	硅、PNP
3DG12B	700	300	45		20~200	≥200	硅、NPN
3CG21C	300	−500	40		20~200	≥100	硅、PNP
3DD15B	50000	5000	100		20~200		硅、NPN
9011	625	500	20~40		20~200	150	硅、NPN
9012	625	−500	20~40		20~200	150	硅、PNP
9013	625	500	20~40		20~200	150	硅、NPN
9014	625	500	20~40		20~200	150	硅、NPN
9015	625	500	20~40		20~200	150	硅、NPN
9016	625	500	20~40		20~200	150	硅、NPN
9018	625	500	20~40		20~200	150	硅、NPN
8050	1000	1500	25~40		20~200	150	硅、NPN
8550	1000	1500	25~40		20~200	150	硅、PNP
BD243C	65000	6000	100				硅、NPN

附录 D　常见集成运放型号、引脚与主要功能

表 D-1　常见集成运放分类与型号

分　　类			国内型号举例	国外型号举例
通用型	单运放		CF741	LM741、A741、AD741
	双运放	单电源	CF158/258/358	LM158/258/358
		双电源	CF1558/1458	LM1558/1458、MC1558/1458
	四运放	单电源	CF124/224/324	LM124/224/324
		双电源	CF148/248/348	LM148/248/348
专用型	低功耗		CF253	PC253
			CF7611/7621/7631/7641	IC7611/7621/7641
	高精度		CF725	LM725、A725、PC725
			CF7600/7601	ICL7600/7601
	高阻抗		CF3140	CA3140
			CF351/353/354/347	LF351/353/354/347
	高速		CF2500/2502	HA2500/2501
			CF715	A715
	宽带		CF1520/1420	MC1520/1420
	高电压		CF1536/1436	MC1520/1436
	其他	跨导型	CF3080	LM3080、CA3080
		电流型	CF2900/3900	LM2900/3900
		程控型	CF4250、CF13080	LM4250、LM13080
		电压跟随器	CF110/210/310	LM110/210/310

表 D-2　单运放封装与引脚功能

型　　号	封 装 形 式	引脚及功能
F001、5G922	金属圆壳（12 脚）	1—IN−，2—IN＋，3—V−，4—COMP，5—OUT，6—V＋，7—COMP2，8—OA2，9—OA3，10—OA，11—GND，12—NC
F004、5G23	金属圆壳或双列直插式（8 脚）	1—OA2，2—IN−，3—IN＋，4—V−，5—COMP，6—OUT，7—V＋，8—OA1
CF709M、CF709C、CF1439C、CF1539m		1—COMP，2—IN−，3—IN＋，4—V−，5—COMP3，6—OUT，7—V＋，8—OA2
CF702M、CF702C		1—GND，2—IN−，3—IN＋，4—V−，5—COMP1，6—COMP2，7—OUT，8—V＋
F007、5G24	金属圆壳（8 脚）	1—OA1，2—IN−，3—IN＋，4—V−，5—OA2，6—OUT，7—V＋，8—NC

（续）

型　号	封装形式	引脚及功能
F012	金属圆壳（10 脚）	1—OA1, 2—IN－, 3—IN＋, 4—IN＋, 5—V－, 6—IBI, 7—OUT, 8—V＋, 9—COMP1, 10—COMP2
CF441、CF441A、LF441、CF351、LF351、CF741M、CF741C、LM741、μA741、μPC741、μPC151、MC1741、TL081、CA081、CF411、LF411、CF353、CF143、CF343、CF155、TL071、OPA100、NE530、NE531、NE538、LF356、LF357、μPC356、μPC357C、μPC806C、μPC807C、OP15J、OP16J、OP17J	金属圆壳或双列直插式（8 脚）	1—OA1, 2—IN－, 3—IN＋, 4—V－, 5—OA2, 6—OUT, 7—V＋, 8—NC
μA725、LM725、mPC154、NE5534、LM11、OP16J、OP17J	金属圆壳或双列直插式（8 脚）	1—OA1, 2—IN－, 3—IN＋, 4—V－, 5—NC, 6—OUT, 7—V＋, 8—OA2
OP05、OP07、OP27、OP37、OPA27、OPA37、μPC254	金属圆壳或双列直插式（8 脚）	1—OA1, 2—IN－, 3—IN＋, 4—V－, 5—NC, 6—OUT, 7—V＋, 8—OA2

表 D-3　双运放封装与引脚功能

型　号	封装形式	引脚及功能
CF158, CF258, CF358, CF353, TL082, CF442, CF442A, F1458CF4558, CF7621, LM358, LM2904, NE532, μPC1257C, μPC358LA6358, AN6561, AN6562, μPC258, PC4558, AN6552, AN6553, TLC272, NE5572, LM833, μPC4556, 5G353, 5G022, CF412, CF412A	金属圆壳或双列直插式（8 脚）	1—OUTA, 2—IN－A, 3—IN＋A, 4—V－, 5—IN＋B, 6—IN－B, 7—OUTB, 8—V＋
CF159, CF359, LF359	金属圆壳（14 脚）	1—BI$_0$, 2—OUTA, 3—COMPA, 4—GNDA, 5—NC, 6—IN－A, 7—IN＋A, 8—BI$_1$, 9—IN＋B, 10—IN－B, 11－GNDB, 12－V＋, 13－COMPB, 14－OUTB

表 D-4　四运放封装与引脚功能

型　号	封装形式	引脚及功能
F224, CF224, CF324, CF147, CF347, CF148, CF248, CF348, CF444, CF4156, CF4741, 5G6324, LM324, μPC324, TL064, TL074P, TL084, TLC274, LF347, LM2902, HA17902P, μPC451, TA75902, LA6324	金属壳或双列直插式（14 脚）	1—1OUT, 2—1IN－, 3—1IN＋, 4—V＋, 5—2IN＋, 6—2IN－, 7—2OUT, 8—3OUT, 9—3IN－, 10—3IN＋, 11—V－, 12—4IN＋, 13—4IN－, 14—OUT
CF146, CF246, CF346	金属圆壳（16 脚）	1—1OUT, 2—1IN－, 3—1IN＋, 4—V＋, 5—2IN＋, 6—2IN－, 7—2OUT, 8—BI$_{1,2,4}$, 9—BI$_3$, 10—3OUT, 11—3IN－, 12—3IN＋, 13—V－, 14—4IN＋, 15—4IN－, 16—4OUT

附录 E　常见集成稳压器型号与参数

参数	符号	单位	三端固定		三端可调		大电流可调		正负双路	基准电压源（并联式）		
			78×× 正压	79×× 负压	LM317 正压	LM337 负压	LM318	LM196	MC1468 SW1568	MC1403 带隙	LM199 稳压二极管	TL431 可调基准
输入电压	V_i	V	8~40	-(8~40)	3~40	-(3~40)	35	20	±30	4.5~15		
输出电压	V_o	V	5~24①	-(5~24)①	1.2~37	-(1.3~37)	1.2~32	1.2~15	±15	2.5	2.95	2.75
最小压差	$(V_i-V_o)_{min}$	V	2.5	2.5	2	2				±0.025		
电压调整率	ΔV_o	mV	1~15	3~18					<10 $V_i=18~30V$			
	S_V	%			0.02	0.02	0.005	0.005		0.002		
电流调整率②	ΔV_o	mV	12~15	12~15	20	20			<10 $I_o=0~50mA$			
	S_i	%			0.3	0.3	0.1	0.1		0.06		0.5
温度系数	S_T	$10^{-6}/°C$	300	300	1% (0~75℃)	1% (0~75℃)				10	0.5~15	10
纹波抑制比	RR③	dB	53~62	60	65	80	60~75	54~74	75			
调整端电流	I_d	μA			50	65				1	1	0.3
输出阻抗	Z_o	Ω										
最小负载电流	I_{omin}	mA			3.5	3.5						
输出电流	I_o	A	空(1.5)/M(0.5)/L(0.1)	空(1.5)/M(0.5)/L(0.1)	空(0.4)/M(0.25)/L(0.05)	空(0.4)/M(0.25)/L(0.05)	5	10		0.01	0.005~0.01	0.1~0.15
最大功耗	P_{max}	W	0.6~20	0.6~20	0.6~20	0.62~20		70				1

① 78××、79×× 输出电压档数为：±5V、±6V、±9V、±12V、±15V、±18V、±24V。

② 电流调整率 S_i：是指电流 I_o 从 0 变到最大时，输出电压的相对变化率，即 $(\Delta V_o/V_o)×100\%$。

③ RR（Ripple Rejection）：输入纹波的电压和输出电压纹波的峰一峰值之比的分贝表示。

附录 F　模拟电子部分主要器件实物与引脚图

序号	元器件名称	实　物　图	引　脚　图	结　构　图
1	整流桥堆 2W10		输入　正极　负极　输入	
2	晶体管 9012		1—发射极 2—基极 3—集电极 1 2 3	发射区　基区　集电区　e　P N P　c　b
3	晶体管 9013		1—发射极 2—基极 3—集电极 1 2 3	发射结　集电结　e　N P N　c　b

（续）

序号	元器件名称	实 物 图	引 脚 图	结 构 图
4	晶体管 9014		TO-92　1 2 3 1—发射极 2—基极 3—集电极	e○ N P N ○c b○ 发射结　集电结
5	晶体管 8050		TO-92　1 2 3 1—发射极 2—基极 3—集电极	e○ N P N ○c b○ 发射结　集电结
6	晶体管 8550		TO-92　1 2 3 1—发射极 2—基极 3—集电极	e○ P N P ○c b○ 发射区　基区　集电区
7	晶体管 3DG6		3DG6　e—发射极 b—基极 c—集电极	e○ N P N ○c b○ 发射结　集电结

8	晶体管 2SD669		1—发射极 2—集电极 3—基极	发射结　集电结 e○ N P N ○c b○
9	开关晶体管 13005		B—基极 C—集电极 E—发射极	发射结　集电结 e○ N P N ○c b○
10	稳压芯片 7805		OUTPUT　GROUND　INPUT OUTPUT—输出　GROUND—地　INPUT—输入	—
11	稳压芯片 7812		OUTPUT　GROUND　INPUT OUTPUT—输出　GROUND—地　INPUT—输入	—
12	稳压芯片 7912		OUTPUT　GROUND　INPUT OUTPUT—输出　GROUND—地　INPUT—输入	—

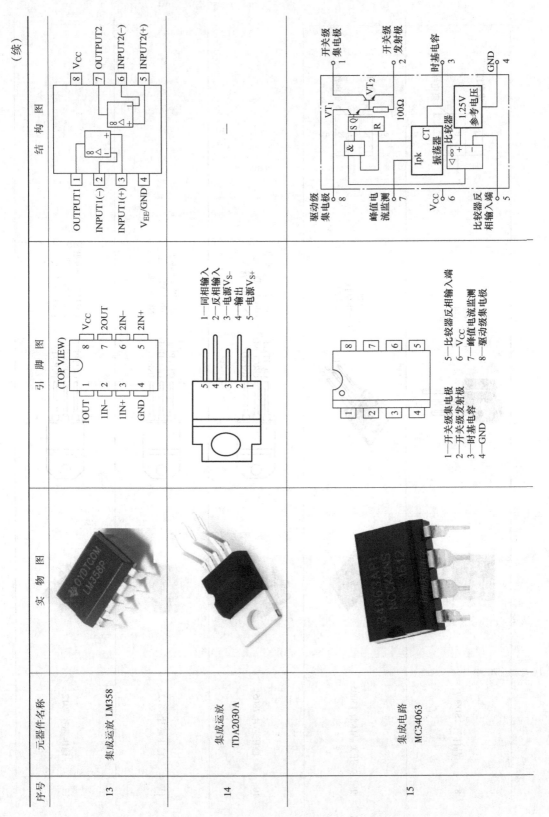

光敏 晶体管 发光 二极管	D ——▷— S G	D ——◁— S G
1—阳极 2—阴极 3—发射极 4—集电极 	1—栅极G 2—漏极D 3—源极S 	1—栅极G 2—漏极D 3—源极S
光耦合器 PC817	CMOS管 IRF9530N	CMOS管 IRF530N
16	17	18

参 考 文 献

[1] 康华光. 电子技术基础（模拟部分）[M]. 4版. 北京：高等教育出版社，2004.

[2] 崔爱红，宗云. 模拟电子技术项目化教程 [M]. 青岛：中国海洋大学出版社，2014.

[3] 李华. 模拟电子技术项目化教程 [M]. 北京：电子工业出版社，2017.

[4] 刘淑英. 模拟电子技术与实践 [M]. 北京：电子工业出版社，2014.

[5] 周良权. 模拟电子技术基础 [M]. 北京：高等教育出版社，2009.